此书献给我的母亲
陈丽芬女士
我们都很想您

一起去抓鱼

探秘山溪野采

张国刚 著

湖南科学技术出版社·长沙

图书在版编目（CIP）数据

一起去抓鱼：探秘山溪野采 / 张国刚著. -- 长沙：湖南科学技术出版社，2025.8.
ISBN 978-7-5710-3036-0

Ⅰ.Q959.4-49

中国国家版本馆 CIP 数据核字第 2024LA5047 号

YIQI QU ZHUA YU : TANMI SHANXI YECAI

一起去抓鱼：探秘山溪野采

著　　者：张国刚	厂　　址：长沙市开福区中青路 1255 号
出 版 人：潘晓山	邮　　编：410153
责任编辑：李文瑶　梁　蕾	版　　次：2025 年 8 月第 1 版
营销编辑：刘玥伶	印　　次：2025 年 8 月第 1 次印刷
出版发行：湖南科学技术出版社	开　　本：889 mm×1194 mm 1/16
社　　址：长沙市芙蓉中路一段 416 号泊富国际金融中心	印　　张：14
网　　址：http://www.hnstp.com	字　　数：201 千字
湖南科学技术出版社天猫旗舰店网址：http://hnkjcbs.tmall.com	书　　号：ISBN 978-7-5710-3036-0
邮购联系：本社直销科 0731-84375808	定　　价：89.00 元
印　　刷：长沙市雅高彩印有限公司	
印装质量问题请直接与本厂联系	版权所有·翻印必究

前言
FOREWORD

在这个湖北东部的一个小县城——英山，一处已被遗忘、枯竭的小河沟旁边的街道里，我又一次地回到了原点。未曾想儿时那条小河给我带来的美好心绪，会在若干年后与其他事物交融汇合在了一起。灵魂深处的触动不断地推动着自己朝着某个方向前行，没有既定目标，一切似乎如此地自然而然，就如同迷途中的千与千寻与她生命中的琥珀川一般。在众人的帮助下，进行着一次又一次的尝试，翻越着一座又一座自己生命中的山峦。如此每一次的摸索与尝试就如同翻越着又一座山峰，虽有时会感觉心有余而力不足，但未敢有丝毫懈怠，内心的指引和众人的鼓励给予了进行下去的勇气和能量。而最后的示人则是这个过程中弄出来的些许声响，它们更多的是为了交流与分享，是与山峦间同在跋涉中的伙伴之间的一种相互呼应，为彼此的继续前行提供着参考。

这本以原生淡水小鱼为线索融汇自身体验的绘本，实际上是自己这十几年以来几方面的综合总结。与鱼相关的事宜已经成为生活的一部分，以鱼为起点，前行着，寻找着自己人生的方向。在这个过程中，生活、鱼和艺术在难以分开彼此的同时给予着我各自不同的启示，在思考和探索中寻找和梳理着它们，并尝试着通过水彩和文字相互配合显示出来，这一切只是为了能在分享中与诸位朋友交流，可以是鱼的，可以是生活的，也可以是艺术的。水彩，文字以及最后的成书仅仅只是一个媒介和通道，在这个纷繁复杂丰富多彩的时代，它是诸多沟通方式的一种，它是我们前行过程中一个偶然的交叉点，交集中我们相互给予，然后目送着彼此远去，继续着自己的人生旅程。

一、养鱼

罐头瓶子	002
天然缸	010
老缸	013
其他的鱼缸	018
吃的	022
水	028
水里的一些物件	030
水草	034
病痛	038
养鱼后记	040
养鱼指南	043

二、寻鱼

以前的网具	048
池塘湖泊境	052
城市的水域	056
溪流采集	059
寻鱼技巧	082

从晓起村的光唇鱼开始　086
西江的某鮈和某鲤　098
方氏与粗纹暗色鳑鲏　102
白边鱲　105

三、有故事的鱼

建德小鳔鮈　106
淡水虾虎　110
三兄弟　119
漓江的鱼　121

画鱼
爱好，是个很有意思的词句　134
工具材料的选择　138
水彩的运用　140
　　　　　142

四、绘鱼

绘鱼步骤图　148
其他纸质材料的尝试　180
绘鱼以外的涂鸦　192
种属介绍　200
后记　207

一、养鱼

罐头瓶子

养鱼是一件趣事,一口瓦缸一两尾红色锦鲤游弋于碗莲之间,这永远只是影视剧中的场景。

儿时,倒确实有人家在自己吃水的蓄水大缸中放进一两条野外带回的红鲫鱼,但这样做,仅仅只是为了让家人能放心地饮用在外挑回的井水,寻常人家可不会有莲藕锦鲤的闲情逸致。

水缸红鲫

自己养鱼，一开始就走了不寻常的路线，为了饲养自己从山野沟壑中带回的野鱼，不知动了多少心思寻找可盛之器，一把摔断了嘴的瓷质大茶壶，被自己拿来养了一壶的鱼。最后那个时代人们废弃的旧式玻璃罐头瓶子成为最佳养鱼盛器，都是些乡野小杂鱼，乡亲们调侃着，在河沟里忙活大半天，还不够人家夹一筷子的量。虽然透过有弧度的玻璃所呈现出来的物象会有些变形，但能如此清晰地直面水中游动的鱼儿，已是莫大的享受了。

乐此不疲地下水捞鱼，然后积攒着各处搜集的罐头瓶子，每天看着瓶中游弋的小鱼，除了成就感以外，一颗少儿的心神被牢牢地吸引在悬停飘逸的虚幻时空之间。当窗台所有的瓶子中都出现了游动的身影时，气候开始渐渐转冷，鱼儿们也回到了深水区域躲藏了起来，曾经热闹的山间水域慢慢清净了，与瓶中的生灵一起等待着来年的"水"暖花开。

窗前罐头小鱼

罐头小鱼

第一次进城,不是县城,是真正的大都市,省城。拄着文明杖站在十字路口中间的孙中山铜像在那时我的眼中,是如此的高耸醒目,以至于若干年后,再次看到时,都开始怀疑自己曾经的经历。

孙中山背影铜像

街景

如果说那时印象最深的是什么，毫无疑问，是一家正对着热闹街口的店铺。在那个年代，难以想象一个小小的临街店铺的柜台上，摆着的是注满水、游弋着各式各样鱼儿的鱼缸，方形的，一个挨着一个。里面游弋着的并不是很早就认识的锦鲤、金鱼，它们更接近于自己在野外捞回的那些小鱼儿，很明显它们并不同于我最熟知的那些小鱼儿，但它们流畅自然的身形和游姿还是透露了它们的出身。

我趴在柜台上努力地辨识着它们，有些鱼缸居然还种上了几棵水草，平面透明的玻璃后面一丛丛水草和游动的鱼儿，如此场景击打着乡间少年痴迷的心灵，完全地沉醉在了这个不可想象的幻境当中。

居然还有这样养鱼的，完全就是曾在梦中梦到的场景，清澈的水底，茂盛的植物，游弋的精灵。与那尊铜像比起来，如此景致更具有融入内心的吸引力。

在父亲不断地催促中告别了那个店铺，虽然后来再也没能找到它，但对于一个刚刚结束小学时光正在准备跨入少年的山村孩子来讲，那像是突然间开启的一扇大门，从那门缝中透露出的一点点景致，就如同射入胸膛的一颗种子，如此真实地栽种进了心中，自然教科书中不痛不痒的单线图画就仅仅只能是偶尔拂面而过的微风。

20世纪80年代各式金鱼，小型热带鱼，红鲫鱼，对于一个小县城的男孩来讲，早就不是什么稀奇的事情。

红鲫鱼能经常在身边的各种水体中捕获得到，从来都只有寸许长。在野外的水体中它们的色彩更易暴露行踪，每年的养鱼季总能养上两尾，完全是天然水体中野生鲫鱼的变异种，后来才知道，中国的所有金鱼都是由这种野生红鲫培育而成。

金鱼，小学就有卖的，不过都是很小的苗子，原来是县城附近的几股温泉被利用起来，建立了一个观赏鱼养殖基地，一些被淘汰下来的苗子就被员工们带进县城售卖。我一开始就被吸引住了，各种色系，宽阔的尾鳍，慵懒的游姿，每次挑选一两尾，和我的那些小的野鱼儿掺杂着一起养在瓶子中，其中的一些居然还长大了。透过玻璃看到的金鱼，其身姿远不及天然野鱼来得那么自然，难怪它们更多的是被饲养在四周封闭的圆缸中。

在多次的努力下，家里原先储存大米的一个中大型陶缸被我占用了，放些石头再扔了几棵野外扯回的水草，一个模拟的生态终于完成，虽然只能趴在缸沿端详，但这也已让我沉溺其中。午后屋顶凉瓦透过的一束阳光，穿过水面，掠过水草直达水底，隐约的光柱中，金鱼懒散地摆动散开的尾鳍，向前推动，野间来的小鱼则在水草间你来我往自如游弋，抵达缸底的光柱似乎拉伸了整个水域的空间，透露着一丝神秘。

在这若隐若现的光影中，有一静静摆动鱼鳍，却悬停在光明与阴影边界的身影，当你有一丝动作时，那身影嗖地一下，就窜进黑暗处，随即又顿停在那，那是我在屋边小河中捕捉到的罗飞鱼幼苗，它们是从小溪上游罗飞鱼养殖基地中逃逸出来的。与它们在天气转凉后呆头呆脑的举止不同，在夏季的小溪中它们是游速最快、最难捕捉的小鱼，而且其背鳍上的一排硬刺，是在触碰时需要提防的存在，当你逮到它时，它会不遗余力地张开所有的鱼鳍，随时准备着狠狠地扎你一下。

米缸中光柱下的游弋

秋季窗前空罐头瓶子

县里最大的一眼温泉就在小溪的源头处，它和另一眼温泉一样，都被利用饲养着这些来自外地的水中生灵。当外地求学的通知书抵达手中时，养鱼的嗜好只能告一段落了，空下来的玻璃瓶和米缸，最后都不知所终。

那时的学校宿舍，除了床铺，是没有办法放下，生活学习以外的物件，每换一地，只能对水兴叹。当再次进入省城时，亲友家的一口1.2米的鱼缸，让我尝试了不一样的养鱼体验，当然其实只是客串了一下。数年下来，弄清楚了本国鱼与热带鱼的区别，当在鱼商指导下长辈采购的第一批鱼，在鱼缸中互相吞噬损失殆尽时，我就开始参与到鱼只的采买与更换当中，在已有经验的指引下通过身形和姿态，由此分清了最常见的几种热带鱼，其中还了解了水族箱中养鱼的配套设备，还有那些专用的各类鱼食，以及那时武汉最著名的几处花鸟市场，想想以前自己养的那些鱼儿，只能就着米饭残羹下肚，难怪都没怎么养好。当我再也没有时间介入这口缸的生养后，在灯具过滤设备故障之后，它就成为了亲友家堆放杂物的最佳容器。

天然缸

如今鱼是养得到处都是,家里、自己画画的工作室。每次去工作室,除了泡杯茶,接下来做的就是:喂鱼,清理鱼缸,然后看着鱼儿,发呆。鱼儿也都习惯了这个规律,只要有人靠近,立马都聚拢贴着缸壁,焦急地等待着降落下来的鱼食,完全没有了野性的矜持。

生机盎然的天然缸

倒是有两口鱼缸，种满水草后，除了几只黑壳虾，一只田螺，和三四尾青鳉外，顶多就是续续水，让退下去的水位恢复到原来的位置。几乎不用喂食，太阳光照的能量就能维系整个鱼缸的生息，这里的鱼就会在你靠近时，躲进水草，警惕地和你对视。

随后的时日里，缸中还会出现一些莫名的小虫子，涡虫、草履虫、水蚤。水草疯长，翠绿翠绿的，不得不时常清理一些出来。阳光照射下，看着黑壳虾们在水草中不停地用着前爪捡食，水螺则用肚子行进，用它的嘴巴亲吻着路过的每一块卵石和缸壁。透过玻璃，你可以清晰地看到水螺对玻璃深情的吻姿，有时在它旁边还会出现与它同行的小虫子，而那几尾水中的最高等生物，则躲进密林深处，窥探着水体之外另一个高等生物的一举一动。

水螺

在几尾青鳉老去之后，放入了一圆尾斗鱼，极短的时间内，它把缸内除了水螺以外活动的生物清理得干干净净，没办法，得开始投喂饲料给它了。慢慢地，水草表面开始覆盖一层深色的薄膜，紧接着一部分叶子开始腐烂，虽然持续冒出的新叶让水中还保持着绿色，但再难以达到那种密林般幽静。在缸壁粘满了灰色绒毛后，缸底卵石块上铺满了一层灰绿色的绒毯；从底部长出的叶片坚实残存的部分被包裹住，悬浮在水中；一些地方还出现球形发散状的黑色针状物——这是黑毛藻；其他被包裹的水草已经看不出曾经叶片的形状，整个感觉就如同宫崎骏风之谷的幽暗森林一般。如今，这尾斗鱼继续孤单地生活在它统治的这个黑暗密林当中。

圆尾斗鱼的幽暗世界

老缸

这是"岁数"最老的一口鱼缸,2007年搬回自己的住处后,里面最底层的格局就再也没有动过。最早灌进去的自来水,被稀释了若干次后,如今可能只剩残存的几个水分子。除了2009年的一次搬动外,它就牢牢地生根在了工作室小书柜的台面上。这是小空间中最令人瞩目的位置,每一个进来的人,无论你在哪个方位,都得接受它的检阅。

老缸初始状态

当你翻动厚度达 5 厘米的底沙时，(在它们的最底层)会翻到被染过色的人工加工过的小石子，那是在买这口鱼缸时商家给我兜售的优惠物品。人生第一次正式买方形鱼缸，所以这些小石子就这样也进入了这个世界。

彩色小石子，眨眼一看很美，但当它在一个相对自然世界里待的时间一长，你就发现端倪，如同一群天然美女中藏进了几位人工美女，如此的不和谐。还好周围能弄到河沙的地方很多，清洗干净后，直接铺在了这些石子的上面，直到把它们全部遮盖住，数次地加铺河沙，让它们彻彻底底地隐身在了鱼缸基底中。

此后开的几口鱼缸，再也没用任何人工材质铺底了，即使是专门制造的水草泥颗粒，那均匀圆润的小球让我完全不能接受。几次外出带回的石块，被陆续地放置了进去，还有一小段沉木，一次朋友在野外捡到的硅化海百合，三叶虫小腕足的碎片，也被我融入了这个水底世界当中。如果你拿个小木棍轻轻地在河沙中一挑，就可能翻出小小一块泥盆纪三叶虫石化了的身躯。再把水底植物剔除掉了以后，你会发现，最坚实的基底十几年都没太大变化。

这口缸的植物一直都长得很好，从最开始的铁皇冠、金鱼藻，到后来的水兰、眼子菜、莫斯，它们不停地在鱼缸中生息演进，变幻着鱼缸中的面貌，一会儿寒带森林，一会儿稀树草原，一会儿又成了热带雨林。

记得植物最辉煌的时候，茂盛的莫斯，完全覆盖了所有的卵石和石块，与宽厚叶片的铁皇冠相互映衬，就如同少年派中的那座神秘岛屿一般，只不过，在这丛林间游弋的是我从野外带回的各类小鱼儿。

老缸的最佳状态

老缸的器械

鱼缸照明灯具

瀑布式过滤器

一次暑期外出，我远离了十多天，在停电、高温，过滤器材灯具由此出现故障停摆的情况下，整个水世界陷入崩溃的境地，我由此失去了2/3的鱼，而水草，再也没能恢复到它们的巅峰状态。以至于，我如今尤为注意过滤器材，在外出前一定要检查清理一遍。武汉的高温，确实是让人崩溃，每年的暑期，都是鱼儿和水体世界最尴尬的时候，是它们经受考验的最低谷时期。

一买回鱼缸，我就配齐了最简易的配套设备——瀑布式过滤器、普通的鱼缸照明灯具。除非你是完美的纯天然水体痴迷者，在这个50厘米的立体空间内，想养足够生物量，没有外带的器具是万万不行的。

过滤器在净化水质的同时，给予其中生活的生灵足够的氧气，一定量的照明能让水中的植物正常进行光合作用，这比建立一个纯天然自给自足的水体，要来得简单多了，定期地清理过滤器材是让这个体系继续进行下去的最佳保障。

而瀑布式过滤器一直是我青睐的伙伴，简单耐用，在第五任服务者的劳作下，这个水世界继续维系着舒适自然的水底生涯。

溪流卵石缸

细沙的河流缸，由此鱼儿入住时也讲究了不少，不会随便地让它们胡乱地居住在一起。溪流里的，就住在溪流缸中，喜欢细沙铺底的，就生活在河流缸中。尽量让同一产地的伙伴还是如往常那样生活在一起，毕竟很多世代的积累，各自的感情还是很深厚，一般不会弄出太大的纷争。

沙质河流缸

曾经想弄个泥质模拟池塘的鱼缸，试了几次后就放弃了，不同于细沙和卵石，塘泥是不可能清理得干净的，无论如何都会从野外带回各种杂质，既有小生物也会带进各种病菌，好不容易让水看上去洁净了，体格稍大点的鱼一翻腾，又是迷雾一般，最后只能用来专门种水草了。铜钱草因为塘泥的肥力，郁郁葱葱，根系最后占满了整个水下空间，盘根错节中养几只小虾米也还是一个不错的选择。

不同的鱼缸不同的生境，给人不同的感觉，虽说都是人工模拟，但已经最大限度地接近了自然，当然不能和专门玩鱼缸布景的相比，只能是鱼儿活得自然，自己看着顺眼，就可以。

虽然自己一直都还是用着老旧的鱼缸器械，最简单的热弯裸缸，最便捷的外挂瀑布式过滤器，最普通的LED水草灯，水草养得一般，但鱼的状态还算可以，每到温度适宜的季节，浑身艳丽的雄鱼以及年老依旧活力四射的资深住户就很能说明这个问题。只是至今都还没配置定时的饵料投喂器以及能控时的照明灯具，以至于外出时难以安心，总会挂念着鱼缸住户的饮食和水草的长势，是得与时俱进地进行更新了。

铜钱草水缸

吃的

颗粒鱼食包装

  活着就得吃东西，为机体提供存活下去的能量，小时候就已知道这个道理。

  那时条件有限，抓回了鱼儿，就不忘扔几粒自己吃剩下的饭粒，只是那些鱼儿们好像并不怎么买账。后来才知道，生物由于习性的不同，无论荤素都有着自己合口的食谱，并不是肚子饿了就什么都吃，而且大自然中的生灵，在非自然情况下，由于惊慌应激，即使是平时自己最喜欢吃的东西放在面前，它们也不会去动上一口。

  让野生的鱼儿在人工的环境下自如地进食，虽说不是一件太难的事情，但还是需要下一定的工夫的，毕竟连东西都不吃，如何能把鱼给养好。

  每种鱼都有自己的习性和食性，对它们充分的了解是养好它们的前提条件。在此之前营造一个接近其野生环境的水体，是让它们开口进食的第一步。在慌乱和惊吓的状态下，鱼儿断然不会恢复其觅食的本能，除了少部分性格极为敏感的鱼种外，只要环境营造得好，在一定时日后，身体的饥饿感会让这些曾经矜持的鱼儿放下身段，开始尝试投喂的各种饵料，当然，如若鱼缸内能有几尾已经调教好的同类就更好了，对于刚从野外过来的新伙伴来说这是最好的安慰。

  一般来讲杂食性的鱼儿比较好养，荤素不挑，目前市面上售卖的各种鱼食都可试一试，一旦一条鱼儿接受了投喂，其他的同类也不会拒绝。从经验上来看质量上乘的鱼食，更容易为鱼儿们所接受，也更利于鱼儿的成长，但是人工的饵料再怎么好也难超越大自然给它们提供食粮。除非是特别金贵的鱼种，人工的饵料，一般来讲都能够满足杂食性鱼类基本的身体需求，虽然比不上野外同类伙伴最佳的状态，但保持健康是没问题的，一些比较好喂养的类别可以在鱼缸中存活好几年，寿命会远远高于野生的同伴，如果鱼缸内的环境适合，它们其中的一些类别还能在鱼缸中繁殖。

相对来讲，完全食肉性的鱼儿就要费心多了，它们只近荤腥，无肉不欢，而且还挑食。一些只吃活食的，无论怎么喂都不会开口，除非是活蹦乱跳的捕猎对象，所以这一类的鱼儿，一般我都不会去喂养，毕竟每餐的伙食就是一件劳心费神的事儿。

相比较而言，自己就只能养些能接受人工饵料的食肉性鱼类，只要能开口，养起来其实并不难。目前人工饵料上来讲，适合国内小型食肉淡水鱼最便捷的就是冻红虫了，只要有家用冷藏设备，就能长期给鱼儿提供新鲜的肉食。

冻红虫包装

也有需要自己孵化的丰年虾，这个操作起来有些麻烦，为了一种活物，还得再去侍弄另一种活物。干红虫或为大型热带食肉类准备的干虾饵料也曾用过，都不是太理想。冻红虫只要是保持其新鲜，在投喂时，还是很受鱼儿们的喜爱，毕竟在野外，它就是大部分小型食肉鱼儿的猎物，即使是刚入缸的新鱼，也会很快地接受这类美味。当然如果条件允许的话，在野外采集些天然饵料，对于缸里的鱼儿们是有益而无害的。春季在各个小水体中破壳而出的水蚤，是各类鱼儿最喜爱的食物，在适当的时日，确实可以给家养的鱼儿们打打牙祭，补充营养。曾经尝试着养些水蚤，但人工水体中饲养繁殖的量，实在难以维持鱼缸里所有鱼儿的需要，几乎所有的鱼儿都喜欢吃上一口，所以只能作罢。

水蚤

菜市场中能碰到的生鲜也是可以稍微加工即成为食肉类小鱼儿们的饵料，自己尝试过一些，鱼肉虾肉都试过，不是都适合投喂，一些由人工激素催养长大的鱼虾，就不是太适合。虽然鱼儿们不挑食，这些肉品中富含太多脂肪的鱼肉或虾肉，投喂时的体验非常地不好，不仅让你的手上满是油腻，而且细小的脂肪颗粒，极容易污染鱼缸里的水质。即使是同一种淡水鱼的鱼肉，野外放养与饲料激素喂养的，凭手感就能辨识。天然喂养的，用手指搓捏时滑溜溜的，而激素催大的则是有很强烈的黏稠感，能清晰地看到残留在手指上的油渍。一些淡水虾类倒是很不错，因为其中大部分类别不需要激素和额外的添加剂，就能长得很喜人。如每年上市的小龙虾，新鲜的虾肉非常受鱼儿们的欢迎，只不过投喂之前需要剁碎了才行，毕竟都是小型鱼类。一只中等偏大的小龙虾的虾仁，就能一次性喂饱我几个鱼缸中的十几尾小虾虎了，从成本上来看，也比冻红虫经济多了，备好的鲜虾仁冰冻起来可以喂上很长一段时日。普通淡水长臂虾也是不错的，这是一种不能人工养殖的类别，但无论是在人工水体还是野外江河中它们的种群甚是喜人，是菜市场鱼鲜区经常能碰到的售卖品，不过得自己动手剥壳，留下虾仁，然后弄碎，是鱼儿们的天然美味。

布满青苔的卵石

黑壳虾

另外天然水体中的黑壳虾也是大部分鱼儿喜爱的食物,我国最小型的淡水虾米,在野外它们就是很多小型食肉鱼儿的正餐,偶尔地投喂,对于那些淡水中的小猛兽,无疑是一场饕餮盛宴,当然也只能偶尔为之。毕竟,黑壳虾对水质有一定的要求,虽说在几十年前各种淡水中到处都是,但如今城市的水体污染严重,要找到它们并不是件容易的事情。

在小鱼儿当中还有一部分是完全的素食主义者，它们只吃水中的藻类，即使是各种饵料放在它嘴边也不会动口的。市面上也有专门为偏植食性鱼类配置的藻片，但好像自己喂养的几尾，一点都不买账，它们只钟情于鱼缸中自然滋生的藻类，每次看到它们时，都是一副乐此不疲地啃食石块场景，有时为了一块上好的长满绿藻的卵石块，还会大打出手，要不了几天就可以看到卵石表面以及鱼缸缸壁上，被它们啃出的一个个小圆圈。毕竟，在封闭的鱼缸中，藻类有限，所以除了注意给缸内的藻类充足的照明外，也得注意控制鱼儿同类的数量，不然有些就得挨饿。

经过一段熟悉之后，只吃藻类的小鱼儿，一口缸中不敢让它们超过两尾。有专门喂养的朋友，为了能让缸内的小伙伴都有得吃，不得不专门准备一些卵石放在室外的水中暴晒，待藻类密布后，以替换缸中被啃食干净的卵石。

这些食藻类的小鱼儿，进餐后会留下一些明显的痕迹，特别是吸鳅类，它们的小嘴巴会在卵石上啃出一个个的小圆圈，在这些小圆圈不断叠加的过程中，卵石上的藻类会被啃得干干净净。

在自己喂养的小鱼儿中，有着特别能吃草的货，因为它们对人工饲料接受度也挺高的，所以一开始并没有太在意。只是发现鱼缸中的水草越来越少，一开始是叶片相对细小柔软的，等它们消失后，相对长得较为硬朗的水草也开始残破起来，最后你发现除了靠近根部最坚实的那部分，这些水草再也没有了生长的迹象。

偶然中，发现有几尾鱼儿拉的便便是绿色的，就从另一口专门种水草的缸中扯了一把随意地让它们漂浮在水中。因没提前喂食，其中的几尾就开始对水草表现出浓厚的兴致，不一会儿它们就迫不及待地一片一片地撕扯和吞食起来。一两天后，投放进去的水草被清理得干干净净，连个茎秆都不剩。

水

  鱼能不能养好，水很关键，就如同我们呼吸的空气一般，甚至还更为重要，所以，水质的稳定是判断一口鱼缸健康与否的标准。但凡缸内的鱼儿们出现不好的状态，一般都是和水有关。鱼缸中看上去透明的水，其实是一个微型的生态体系，溶解其中的各种物质，有机的，无机的，再加上肉眼看不见的微生物，它们共同组成了一个微妙的平衡系统。在一口鱼缸开缸后不久，其间的物质就开始慢慢营造这个体系，在特定条件下某个时段达到一种平衡，同时它们和浸染其中鱼儿们达成和谐，所以从某种意义上来讲，每一口鱼缸的水都是不一样的。由此对于鱼缸中水的观测和维护尤为重要。个人并不赞成用各种药水调配水质，缸中生物的量是平衡的关键，即使在过滤器材的帮助下，鱼缸中的鱼儿也不宜过多，尽量控制数量，对于新入缸的鱼儿需格外谨慎，除了必要的消毒、过水外，还要克制自己增加鱼种的欲望，有出才能有进。定期更换老水，加注洁净的新水，亦是维持水体良好的手段，在一个封闭的空间中，即使有滤材的日夜工作，生物产生的废物也只会越来越多。用软管吸取，只能清理能看到的，而对于溶解在水中就无能为力了；用洁净的新水替换，可以有效地降低废物的含量，维持鱼缸的清洁。一般来讲大半个月，换掉一半的老水是比较合适的，千万不能经常性地换水，这样做会严重扰乱水体的平衡，一些养鱼的新手鱼经常性死亡，大多是因为频繁换水的缘故。营造一个稳定的水体环境本就是不易之事。另外，在换水时，过滤器材也需要尽量清理干净，平常情况下，它对水体的维系功劳最大。

一口鱼缸的立体视图

水里的一些物件

外出采集多数是在乡野之地，溪流里除了天然的砂石外还会发现一些很有趣的东西，有选择性地带回一些放进自己的鱼缸中。想来都是鱼儿老家的物品，放置在室内的这个水世界中丝毫不会感到突兀。

水中砖雕

在河溪中采集，除了天然石头外，见到最多的就是一些生活物品的碎片，

当然并不是每种都会讨人喜欢，一些现代生活丢弃物就有些令人生厌了。

能引起我注意的是很早以前被人丢弃在水中的残损老物件，如被水冲刷了多年的老青花瓷片。

水中瓷器

在流水的多年冲刷和砂石的研磨下，其断裂处原本锋利的边缘早已被打磨得圆润起来，其釉面青花纹样却依旧清晰可辨，特别是在一些山野有村落的溪流中总能碰得到，在安徽江西一带尤为常见。虽说只是放入鱼缸里的一些小物件，拿回请行家鉴别，大约都能断得出大致年份，丢入鱼缸，与鱼共处一世界，小碎片们跨越了从明朝到民国几百年的时段，想想都是件很有趣的事儿。

水中卵石

在鱼缸中时间一长,青苔和藻类就开始爬上瓷片表面,它们又重新恢复到几百年来野外山溪中的状态。喜欢弄些不一样的物品放入鱼缸中,但都依照着与野外自然水体有一定关联的原则,遵循着自然为先的感受。在一些被遗弃的古老建筑内寻觅到的残砖断瓦,由此也进入到室内鱼缸的水世界中。

水中瓦当

水草

金鱼藻

　　如今在室内饲养各种小生物的人越来越多，有养多肉的，也有在水中专门养水草的，被称为草缸。大大小小的鱼缸中养着各式各样郁郁葱葱的水草，里面的鱼儿和虾作为维持水体平衡的工具或者美观点缀而出现。

　　我的水世界则以本国小水域中的小型淡水鱼为主，水中的各类环境是为了水中的鱼儿而出现，务必使鱼儿保持野外的健康状态。由此，这里的水草相对来讲就简单多了。它们更多的是为鱼儿提供合适的水底遮挡物，以及在一定程度上维持水体中的平衡。

　　在选择上就以我国淡水中最常见的几种沉水植物为主。在野外，水体只要不是太脏都能发现几种能种进鱼缸里的水生植物。

　　最早进入视野的是金鱼藻，又称金鱼草，野外水体中最为常见的水草，成丛成丛地出现，而且在室内鱼缸中比较容易成活。只是这种水草不长根，经常会漂浮在水面上，鱼儿如果喜欢啄食的话极易被弄成一小段一小段的，而且在营养和光照适合的情况下又会长势很好，如此很容易飘得满缸都是，由于其郁郁葱葱绿油油的样貌，开始养鱼时还经常用到它，后来就慢慢地废弃掉，换成了其他类别。

虾藻　　　蜈蚣草

另还有一种极易养活并且能长出根系的水草，至今在我的鱼缸中占有一席之位，即使是在少量植食性鱼类的啃食下也还能维持在鱼缸中的种群，当然这样也不得不经常清理下被鱼儿咬断的植物碎片，这些碎片会堵塞过滤系统的进水口，影响过滤效果。

这是一种被称为虾藻的沉水植物，在平缓的溪流中极易碰到，它们会一束一束地生长在流水中，远看像绿绿的飘带在水中飘逸。泥沙中的根系把它们牢牢地固定在水中，即使是被急流打断冲走，只要被水中的石块或杂物绊住，其茎上长出的根系也会插入泥沙中，重新固定住自己。想来河流中一处一处的虾藻群落就是这样慢慢成形的，所以在野外采集时即使植株没带根系也关系不大，依据它的头尾，从尾部把它插进泥沙中再用石块在旁边压实（这样以免被鱼儿翻动漂浮），要不了多久长出的新根系会把它牢牢地固定在那儿，而且浸泡在水中的草茎也会长出一些向下的根系往水中的泥沙里钻。

因为这种水草极易成活且长势很好，在缸中没有植食性鱼类时，可能还得注意经常修剪以免其占满水体，占用太多鱼儿活动的空间。

与虾藻有些相似的一种水草也还不错，形态很像延伸的秆茎上长着一圈小轮叶，只是草的茎和叶子显得要厚实不少，所以在鱼缸中整体形态就显得有内容多了，在每个单独茎的顶端，集合在一起的小叶片如同一丛小型多肉植物。野外溪流中经常能见着一种草，名字不好听叫蜈蚣草，其实挺美的，只是生命力没虾藻这么旺盛。曾经把这两种草混杂着种在同一口缸中，让其自然生长，数月后，蜈蚣草全没了，缸中就只剩下了虾藻。

水中整体视觉图

036

在我们周围的淡水水域中还有着一种极为常见的水生植物，它们大多生长于卵石或泥沙质为主的河流当中，野外环境下能形成极为茂盛的种群。它们的叶片呈细长带状，如同陆生植物兰花的叶子，所以它们被人们称之为水兰。水兰有着极为发达的根系，在光照充足营养能保障的情况下，在泥沙中匍匐前行的根系，会不断地冒出新的枝芽，就如同山中的竹子一般，一棵竹子若干年后会变化成一片竹林。水兰也有着类似的潜质，由此它也成为很多原生鱼类爱好者鱼缸中的常客，在不受干扰的水底，环境符合的情况下，会形成可观的水底细长飘带森林。野外采集的一两株水兰，在侍弄适当的情况下，会在自己创造的水底世界中繁盛很长一段时间。

水兰

水兰丛

病痛

和人一样，鱼也会生病，在大自然中一般有病痛的生物，除了一小部分能自愈的，大部分都会由此慢慢消亡重回大地的怀抱。

人生病了会去治，小时候对医生充满崇敬，总觉得他们无所不能，后来慢慢地才明白，身体作为灵魂的载体，一旦出现状况时，并不如我们想得那般简单，对于病痛的探究至今还是在漫漫路途中。

人自己尚且如此更何况是生活在水中的鱼，经常有朋友感叹对于大部分鱼病的束手无策。一旦出现状况，能做的仅仅只是亡羊补牢，能治好，只能算是运气好。所以养鱼时最好是防患于未然，一旦出现苗头，就尽快做出反应，一群天天在一个堂子里面游泳的伙伴，一个出了问题，没有处理好，会殃及所有。

养鱼这些年，也碰过几次病情，有些是无力回天的，特别是一些由内向外发展的鱼病，当你能看出问题的时候，已经为时已晚，能做的就是尽量减少鱼儿的痛苦。一些危害并不大、常见的季节性病痛，大部分是由于环境的变化以及鱼自身状态不佳所造成的，发现后就积极应对，对症下药并咨询更有经验的鱼友，一般都会化险为夷，状况比较严重的可以单独移到治疗缸中进行药浴康复。

鱼药

鱼药

一些寄生性的病害，它们虽不会直接杀死寄主，但会严重影响寄主的身体状况，对鱼缸的清理和消毒是最好的预防措施。

一般外寄生好治，用药或手术治疗，三年前曾有尾花鳅不幸被寄生虫给盯上了，从表皮侵入，渐渐地可以肉眼观察到皮下的白点。这个用药是没什么效用，只能动手术，用手术刀在鱼体上切开一个小创口，把寄生虫直接取出来。因为工作做得到位，并未让鱼受到其他的伤害，没过几天就痊愈了，这尾花鳅如今还在我的鱼缸中欢快地生活着。

如果是内寄生，就比较麻烦，一般就不做治疗。在野外这类情况的鱼，都会很快地消瘦而被健壮者所淘汰，在人工环境下这个过程会慢很多，类似的病原也大部分是从野外带回的，所以，野外采集时，状态不好的鱼，最好放生。而且依据自身经验，越是水体环境差的地方，鱼病的概率越大，另外在新鱼入缸时，一定要做好相应的消毒处理，如小比份的盐浴是不错的选择。如今鱼缸中就有着患有内寄生的病鱼，能做的就是让它们尽量地吃饱，毕竟一张嘴吃下去的东西，不止一个身体在消耗。

鱼病不可避免，以预防为主，好的环境好的鱼，遭遇的可能性就低，运气不好碰上的话，就及时诊断，做出果断的对策。还好这些年是没有碰到由于病患而团灭鱼群的事件，但一直以来也不敢掉以轻心，小心地侍鱼、虚心地学习才是上策。

养鱼后记

鱼养得时间长了，就越来越谨慎，当一个事物相处时间越长，相互之间就会产生某种联系。

有人说，鱼嘛！不就是一种低等生物，怎么还会和你产生联系。其实我觉得这是不对的，生命本身就是一种很奇妙的存在，无论基于本能还是真的存在一定程度的智慧，它们做出来的一些举动，你能感受得到那个相对简易身躯内的能量与差异。当你与其中一尾，隔着透明玻璃对视时，你能明显感受到它对你的观察，以及由此做出的反应。

坊间曾有传言，鱼只有七秒的记忆，作为养过鱼的朋友应该都会质疑这种论断，即使自己离开半个月未与这些水中生灵碰面，再次站立鱼缸前，它们还是会簇拥过来，虽然这只是平时喂食带来的反应，但这个说明了，它们还记得有这么回事。而如果刚从野外进入鱼缸中的成员，即使是在已经养熟了的鱼只影响下，也需一段时日才不会惧怕，水体之外，鱼缸透明玻璃背后的人影，野外生存的本能同样也使得它们还保持着野外的这份记忆。

　　虽然它们不同于猫狗,能与你建立真正意义上的互动和交流,但相处时间一长,你就不会把它们当作与你毫不相干事物,而为其尽心尽力,如何在能力范围之内让它们保持最好的生存状态,是你经常要考虑的事情。人是有情感的生命,一件用久了的物件都会使我们产生眷恋,何况是充满生命特质的鱼儿们。

　　时间越长,养的鱼反而越来越少,当碰到一些自己喜欢的类别时,最先蹦入脑海的是,我是否能给它们相对舒适的生存环境,如果不能,让它们留在野外未尝不是一种最好的选择。

　　在看到这句话时,你是否意识到了另外一个问题——它们与我们饲养的猫狗是不同的,本质上来讲它们其实都是野生动物,即使它们如此身微以及不显眼,但它们与我们在自然纪录片中看到的狮子老虎熊猫一样,也是野生动物成员之一,人工环境营造得再好,也难以替代其野外的生活。

所以，当自己碰到身边的朋友开始准备饲养这些类别时，我会告诉他们这些，并建议他们谨慎饲养，如果准备好了，一开始时也只饲养身边最常见最易养的几个类别。

对于类似的诉求，自己虽然不鼓励但也不反对。因为通过饲养，不仅让我们能够最便捷地亲近自然，同时还能近距离地体验到自然生命之间的差异和魅力。在这个过程中，它们所呈现出来的行为和习性，同样也会让我们有所思考，思考人类本身，以及人性本身。从生命本质上来讲，我们其实只不过是同一种生命构成模式的不同版本而已，本源相同，程度不一，从某种层面上来讲，与它们相处会帮助我们更好地认清自己。

如今自媒体时代，只有你想不到的，没有你得不到的。

在原生鱼类越来越多地被人熟知后，养的人也逐渐多了起来，一些我们所熟知的类别通过网络也能很容易地获取。这些鱼儿，一部分为来自身处产地的爱好者，一部分则是由专业的鱼商提供，但是它们无一例外都是来自于野外。

在这个过程中，无论是爱好者还是鱼商都有不少能意识到对于资源的保护和合理利用的重要性，但其中也存在着竭泽而渔的现象，这使得作为爱鱼者的自己，对此较为谨慎。虽然并不反对资源的合理性利用，但目前仅仅只是基于参与者自身的认知和素养的交易行为是值得怀疑和商榷的，也是众多爱好者们需要面对的问题。

养鱼指南

1. 鱼缸选用 　选择合适、优质的鱼缸是构建水族环境的第一步，为鱼儿们搭建舒适的家园是养鱼的首要任务。

Point 1
建议选择超白鱼缸，其透光性佳，内部结构均匀，自爆率低。

Point 2
鱼缸形状以方形为优，便于附件设备安装，且观赏无失真。

Point 3
鱼缸尺寸不宜过小。所谓"养鱼先养水"，小缸水量少，水质不稳定，影响鱼的健康；同时限制鱼的生活空间，以及鱼群数量和布景材料的添加。

Point 4
在开缸前，检查鱼缸密闭性，并进行清洗消毒。

2. 开缸布景

Step 1　铺设底砂

初涉水族，底砂推荐使用富含营养的水草泥，为水草提供生长所需；随着经验积累，可选用河沙等底砂，增添自然气息，避免使用彩色石子，以免破坏自然感。

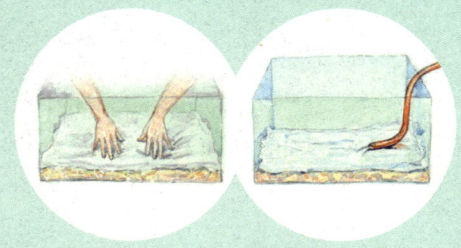

Step 2　添加困水

添水时，宜选用"困水"，并轻柔操作，以防底砂冲散，水体变浊（可在底砂上铺设一层塑料袋作为缓冲层，注水完移走即可）。注水至覆盖底砂以润湿即可，便于水草种植。

Step 3　种植水草

种植水草时，细心用镊子植入，并用适量水草泥固定。天然水草能净化水质，提供营养，可选择易于打理的蜈蚣草、金鱼藻、虾藻、水兰、铁皇冠和莫丝等水草，但需控制数量，以免影响氧气供应。

Step 4　布景装饰

根据个人喜好和鱼类需求进行布景，利用沉木、石块（如松皮石、火山石、鹅卵石等）等自然元素，模拟溪流、河流等生态环境，为鱼类提供接近自然的栖息地。还可适量添加砖雕、瓷器、瓦当等装饰物。

Step 5　第二次加水

方法同上，缓水流注入，注意做好缓冲，防止冲散底砂。

Step 6　安装配套装置

安装过滤和照明装置，（新手）推荐使用瀑布式过滤器，既能净化水质，又能增氧。根据鱼类需求，可配备恒温设备和自动喂食器，确保鱼类健康和鱼缸的长期维护。

3. 关于水

困水

让自来水中的氯气及化学物质自然挥发，同时提升水中的氧气含量，使之适合水生生物栖息。可将水置于户外通风处晾晒2至3日，或在有条件的情况下使用氧气泵持续曝气24小时，以驱逐水中的化学残留。

养水

通过硝化细菌的作用，将鱼缸中鱼食残渣、排泄物产生的有毒氨转化为安全物质。在去氯的鱼缸水中加入硝化细菌产品，开启过滤循环数日，待水质稳定后，方适宜放入鱼类，此过程为养水。

过温过水

新鱼需在原始水中连同原袋放入鱼缸中，以适应水温，这一适应过程称为"过温"。随后，每隔15至30分钟向袋内逐渐添加鱼缸水，重复数次，直至鱼适应新的水体环境。确认鱼无不适后，方可将其移入鱼缸，这一过程称为"过水"。

换水

定期换水有助于减少废物积累，保持鱼缸清洁。建议每两周更换一半的老水，避免频繁换水，以免破坏水体平衡。同时，确保新水与鱼缸中水温差异不大，以免影响鱼类健康。可在换水时对过滤器材进行清洗。

4. 鱼食

喂食须知：

Point 1　**识别食性**
区分鱼儿为杂食性、肉食性或草食性，这将直接影响鱼食的选择。

Point 2　**适量投喂**
投喂鱼食时，切忌过量，以免影响水质和鱼类健康。

Point 3　**注意观察**
喂食过程中，应该观察鱼儿对不同食物的反应，以便调整食物种类和喂食量。

鱼食选择：

Point 1　**杂食性鱼类**
可尝试市面上各种鱼食，也可以尝试水蚤等天然食物，注意荤素搭配，确保均衡营养。

Point 2　**肉食性鱼类**
可选用冻红虫等人工饵料，或在条件允许的情况下，采集水蚤、黑壳虾等天然饵料。

Point 3　**草食性鱼类**
此类鱼儿可能更偏爱藻类，可购买专为植食性鱼类设计的藻片。然而，部分鱼类可能更倾向于鱼缸中自然生长的藻类，在这种情况下，应控制鱼缸中的鱼只数量，以免藻类资源不足。

二、寻

以前的网具

　　天然山水具有如此巨大的吸引力，人们很难抵御其魅力，而其间的水更是充满着灵气，流淌中除了本身的活力外，里面还生活着另一世界的小精灵，无论在哪这些精灵都吸引着我的注意力。

　　从小开始，每到一地，必定会看看水，猜测水中之物，条件允许的话，总是会想尽办法，从水世界中把这些精灵给找出来。儿时只能徒手，最多是从身边顺一些生活用具协助，以至于练就了一手为小伙伴所羡慕的徒手摸鱼技巧，在那些小河小沟堑里，从未空手而归。

　　那时，乡间水体甚多，盛产各种小鱼，农闲时，人们用各种网具捕捞以贴家用，甚至一些大的水域还会有专业的渔夫，以此为生。各种网具皆是专门编制制作而成，不同的水体使用着不同的网具。祖母的一位好友就是沿河居住的渔民，每日凌晨她的儿子就会踩着双体小木舟，抛网在河中捕鱼，待家人起床时，他已背回了满满一竹篓子新鲜的各种河鱼，拿到集市售卖。有时碰到了，总会在那篓子里捡拾一两尾还在喘息小河鱼养起来。看着旁边湿漉漉的网具，不禁想象他站立舟头抛洒渔网的潇洒之姿，倾慕不已，想来当年的青年如今已近六七十，现在乡里，河中既无撒网之人也无可捕之鱼。

抛网

两个竹竿撑起的小网

两个竹竿,四个角的单人鱼网

小竹竿钓鱼竿

乡间,村村都有几口野塘,都为村中共有,平时做浆洗物品,菜地灌溉之用,过年时打些鱼货每家分上几尾,这些是提前放的经济鱼类,由于这些池塘都是累年不会干涸,所以里面野生野长的小鱼虾一直都没断过,且无人在意它们。

这时就会有人带着一两种简易的网具,翻山越岭,逐一地每个池塘弄上几网,半日下来亦是竹篓满满。儿时最喜在一旁观望,甚是羡慕他们的网具,居然能在较深的池塘中,弄出诸多种类各异的鱼虾。

伙伴中也有善钓者,竹林里掰一根小竹,把家里的缝衣针在火上烤烤,折弯,然后找些丝线,再用玉米秆子或者高粱秆子为浮,就近挖几只蚯蚓,即可河中池塘边垂钓了。记得一小伙伴,钓技了得,须臾就能钓上十几尾小土鲫,至今都未能学得如此手段。

虽是如此,那时水里的鱼总是没见少的,河里,池塘中它们依旧生生不息。不知从何时起,开始有了专门的渔具售卖,各种配套的器具一应俱全,经常在水边见着长枪短炮的各类垂钓者,虽每次多少都会为他们所吸引,但那个手握竹竿站立河边的乡村孩童还是让我难以忘怀。

池塘湖泊境

池塘湖泊边缘适合采集的位置，要么是平缓延伸至水域深处的浅滩，要么是沿岸边水草丰茂的浅水区，这是小型淡水鱼较为活跃的活动区域。很多朋友都会觉得一个水域，水越深鱼就会越多，这种认识其实是很片面的，在我们周围的淡水水域中，真正生活在水深处的鱼种并不多，而且很大一部分鱼的繁殖都需要在浅滩或水草丰茂的浅水区域进行，所以一个生境单一的水域，鱼种一般都很匮乏。

鱼在水中，一旦发现岸边的异动，要么往深水处移动，要么就是寻找遮挡物躲避，所以在这样的水域，当你看到鱼时，是不大可能把它们直接弄上来的。

在浅滩处，看到水面有水花翻动，就直接从岸堤反方向快速地把抄网罩下去，抄网接触到水底时，快速地往回拖，大部分情况下都是会有收获的，只是能抄到什么鱼，就看运气了，上层中层下层的都有可能。如果时机把握得比较好，一网里什么鱼都有，青鳉、餐条、麦穗、子陵吻虾虎、沙塘鳢、鳑鲏、黑壳虾、大眼贼，这可是池塘湖泊浅滩最常见的生物组合，当然还会有很多各种小的水生甲壳类。有一次，居然在浅滩处抄到了一尾银鲴的苗子。

水草丰茂的位置，用起抄网来，又有不同，鱼儿们大多躲藏于水草中，从下往上，顺着水草表层往回收网，或连水草一起带出水面。这种情况下，采集到的大部分是喜穿梭于水草间的鱼类，如圆尾斗鱼、叉尾斗鱼、鲫鱼苗、黑鱼、黄幼鱼、青鳉、粘皮虾虎鱼。所以在池塘和湖泊区域，用抄网抄鱼，一般是不太清楚自己能抄上来什么的，得看机遇与运气，但特定的区域特定的鱼种一般都能找得到。如黄幼鱼和粘皮虾虎鱼，就是很容易采集的类别，因其在活动水域是以隐藏的方式躲避敌害，所以一般不会逃离太远的区域。如鳑鲏类的，水底游速快，各处巡游，采集的种类就不确定了。

还有一些喜较深水域性情敏感的类别，就得用其他方式来获取。专制的小型虾笼是不错的选择，有长形也有圆形的，对于静水中在水中下层觅食的鱼类起作用。安置好饵料后，放入选择的水域，然后就是安心等候，半小时或一小时即可起网看看。一些在池塘湖区的商业捕捞，也会用到虾笼，不过那个就是呈火车状的长形虾笼，密布地放置水中数日，一些商捕的淡水小龙虾就是如此操作得到的，经常在野外能碰到被人遗弃的大型虾笼。如果目标只是采集些小型淡水鱼类，小型虾笼就足够了，一些中底层游速较快的鱼种如湖泊里的各种鳑鲏和鳢，这样采集反而比较合适。

时光流逝，那个随处都有鱼的时代已经过去，乡间掷网者失去了身影，站在家门口就能垂钓的情形也只有在深山少数的村落里才能见到；想找些天然的小鱼也没以前那么便捷，家乡最常待的那条小河已成排污沟渠；村落中的野池塘，不是被改造成养鱼池就是各种缘故的发黑发臭丧失了生机；即使是家乡环城的两条大河，鱼也不多，儿时随处可见的河滩场景早已不见，沿着河堤得走很远才能碰到合适的河段，徒手简易网具能采集上来的，只有寥寥几尾幼苗。

池塘生境图

虾笼

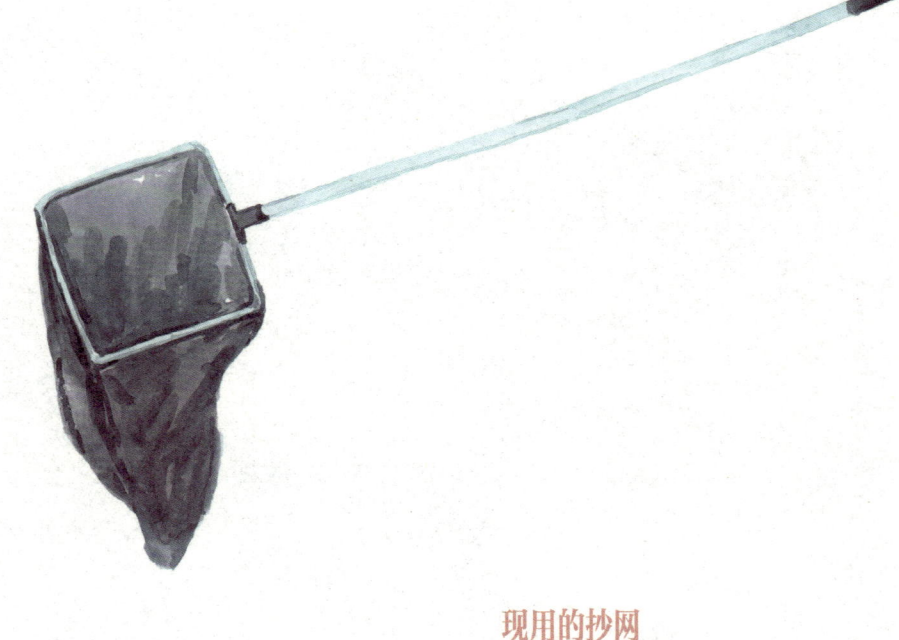
现用的抄网

无论是在何种水域采集，安全第一，对水情不熟，就要慎重行事，静水水域池塘湖泊，尽量不下水，在岸边用合适的网具采集，一些不易采集的鱼类，可以通过询问附近的钓者，越是大水体越是要注意。

武汉临江，江中又有很多奇异的小型鱼种，大部分时候就求助于江边的钓者或渔夫了。涨水季，江边的水草丰茂的淹没区，各种小型鱼类会汇集于此产卵繁殖，用虾笼即可，沙鳅、条纹鮠都能通过此种方式获取。退水后，一些低洼处形成了一些小水坑，会把没来得及返回江中的鱼儿困在那儿，这是难得了解江中小型鱼类的好机会。一片很小的区域内，亦会给人带来不少的惊喜。在一次采集过程中，用普通的抄网，很浅的，几平方米小水坑中居然有着二十几种鱼类，各类餐条、野生白鲢和花鲢的幼苗、紫薄鳅、中华花鳅、叉尾斗鱼等，即使是江中的渔夫，也不会同时有如此多种类的渔获。看来流动连通的水域，即使在水域生物极度退化的情况下，鱼种还是如此丰富，而封闭的池塘湖泊就不会是这样的了。

城市的水域

我生活的城市是千湖之城，虽说有些夸张了，但水域确实很丰富，即使被填了不少，大大小小的湖泊还是很多，整体水域面积较大，总能在其中碰到可采集的点。

城市里的水体，越是繁华的地区，被污染的程度就会越大。水质变差了，水中鱼的状态就不会好到哪儿去，城市垂钓者并不挑，毕竟他们的目标鱼种，大部分对水质要求不高，但作为其他小型淡水鱼来讲，只有较为洁净的水域它们才能正常生存，要想找到它们就只能往尽量人少的区域去探寻。公园内因为有专门的治理，水质相对要好一些，寻常的小型淡水鱼就会多一些，但毕竟公共区域，拿个网具在那找鱼，总有破坏公共资源的嫌疑。

如此，只能找些都市里被短暂遗忘的僻静区域，有时可能还会有些意外。一些曾经以为绝迹的小型淡水生物会在你不太留意的地方出现。见过一种被称为红鼻虾的小家伙，极为脆弱和可爱，对水体要求比起普通的淡水小虾要高。自己身边的水域是没见到过，最后居然是些朋友在一条马路旁边的沟渠里发现，而且是以种群的方式生活在那。后来自己也去采集了一些，可惜未能饲养成功，即使是单缸伺候，数量也是逐渐减少，直至没了踪影。

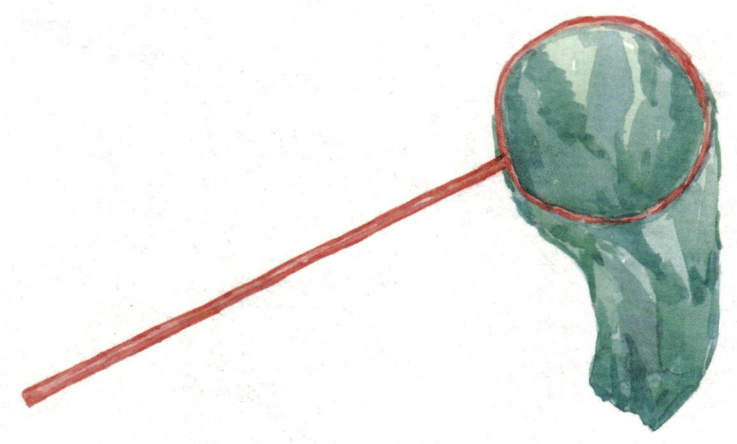

简单的抄网

在城市附近的水域采集小鱼，用手可不行，不像小沟小溪可以下水，池塘湖泊水深，尽量不要下到水中，一些岸边浅水区即可，那儿也是小型淡水鱼较为活跃的区域。这样的情况得借助专门的网具，最开始时用的是普通的钓鱼抄网，折损率太高。网具在水中快速地移动时，抄网的接口处极易折断，如此采集了一段时间，不知弄坏了多少抄网。

后来鱼友自己设计，对网具的接口以及网具网兜部分外缘进行了改进，终于弄出了合适的抄网，抄网的效率和损耗都达到了可以接受的标准，至今仍然是类似水域最好的采集工具。

溪流采集

儿时不知为何及喜筑坝,灌溉季节,家旁边的小河会修筑一处底坝,被拦住的水使得小河水域宽广起来,也使得滞留在此处的鱼数量多起来,以至于曾经很偏好水库区域,想着如此宽阔如此深邃的水域定是鱼的乐园,真是太肤浅了。一条流动的河流,无论大小,在大自然的力量下,必定生境多样,鱼种丰富,而当一个大坝生生拦住流淌的河水后,河流上下的流通由此被切断,鱼类间的交流被阻隔。坝体之上,蓄水区内,积蓄的淡水不断增加,多变的河流生境转化为封闭静态的湖泊生境,适应流水的鱼种逐渐消失,适应宽广较深静水水体的鱼种慢慢替代原有鱼种,鱼种种类急剧下降。野外一条正常状态的溪流对我的吸引力远远大于一个貌似鱼类更多的水库。

流淌的溪流是极好采集鱼类的场所,无论是从安全系数还是探寻乐趣上来看都是不错的选择。大部分这样的小河,水都不会太深,洁净的水质,能清晰地判断出深浅。流动的水冲刷着大地,无论河床是何种质地都会很坚实,不会出现湖泊池塘中让人深陷其中的淤泥,只要提前预知,在野外小河,不大会出现水情危险,倒是在一些山区要格外注意,一旦水温或水体透明度发生变化时,要及时做出反应,山中的降水在极短时间内会形成山洪,这时快速地撤离是避开危险的最好选择。

溪流生境图

溪流采集图

  小型河流，水浅且清澈，与鱼类可以直接接触，很容易就能清晰地观测到水体中鱼类的各种活动，而且也较易捕捉，这种与水中小家伙面对面直接博弈，显得更有挑战和乐趣，这也是为什么我从小就喜欢在小河中玩耍的缘由。由此，在野外淡水中的探寻，多半就关注类似情形的小型河流，同时也逐渐知晓，其间丰富的小型淡水鱼种群数量与差异。

  同样是小型溪流，不同的环境，生境就会不同，遇到鱼的种类就有区别，在采集时运用的策略也会有不同。一般情况下，在水上层或中层快速游弋的类别是较难捕捉的，专用的钓具在某些情况下可能会更有收获。毕竟个人采集，器具会有一定的限制，能用到的都是单人操作的抄网。曾经和朋友一起用过自制的小型围网，在两三人合作、水体较小的情况下，还是会有些收获，但水体一大操控起来就有些困难了。也曾用抄网在河流中抄起过宽鳍鱲，但那也只是运气的问题，在鱼群逃逸的线路前，直接把抄网从上往下拍，运气好，偶尔能上一两尾鱼。而在小型河流中，真正能自如采集的目标鱼种，大多是中下层游泳能力较弱的类别，通过对它们的观察，了解各自的习性采取不同的策略。

1. 花鳅

花鳅是小型河流中较常见的鱼种，在相同习性的鱼类中较有代表性。

此类小鱼大都活动于溪流沙质地带的底层，滤食有机碎屑，游泳能力较弱，但其在水中逃遁的速度和距离并不可小视，一不注意就会在水中丢失其踪迹。

大部分情况下，有活的动物体突然出现在岸边时，水中的鱼儿必定会四处逃窜，花鳅也不例外，所以很多走在清澈河边的朋友，只能看到静静流淌的河水，因此尽量不惊扰水中鱼类是采集时需要一开始就注意的事项。当你小心翼翼地靠近水边时，最先跑掉的是上中层警觉性很强的游弋性鱼类，而中底层的鱼类，只有当你达到一定距离时它们才会逃窜，这个层位活动的鱼儿在感知危险时，第一策略是静止不动，以身上的斑纹和体色融入河底环境中，以此躲避敌害，只有当它们发现此等策略失败时，才会作逃窜打算。

所以当你慢慢靠近河流，能够看到洁净河水底部的细沙时，可能你要做的是，得把隐藏在沙砾上的鱼儿给找出来。适当小幅度的骚扰也可以使隐藏的花鳅现出身形，因为它们会为此从藏身之处逃遁一小段距离，如果幅度太大，使它们完全地警觉后，你再找它，可能就有些困难了。

花鳅大多数都是以小群居的形式，聚居于河流中游地带的细沙底河床中。当我们发现它们的踪影后，如若水体不大，水流缓慢，下水后，可以慢慢靠近它们，尽量不要惊扰到它们，一只手拿着抄网拦截在它们逃跑的路线上，另一只手小心地去驱赶它们。这个需要耐心，因为它们也很聪明，在采集时，一些花鳅在逃遁过程中会刻意地避开拦截在它们前方的网具，怎么拦截它都不进去，后来将拦截抄网前半部分掩埋在沙砾之中，这时，花鳅入网的概率就有了显著提高。

在一些流速较快，河水不会没过膝盖的沙质河床的河流中，还有一种比较简便采集花鳅的法子。那就是，直接下水，驱赶匍匐于水底的花鳅，不断地紧跟着它们，在被逼急的情况下，花鳅会钻入沙中，一定要看准它遁入沙中的方位。用抄网从前至后把整个区域的沙粒带将起来。离水后，渐渐脱水湿漉漉的细沙中，那细长蹦跶的身形，就是刚才遁入沙中的那尾花鳅。

儿时的河滩中花鳅特别的多，多数都是用的此种方法采集，那时没办法养活，只能捞起来后又都放掉了，如今家乡的河滩中已不可能有此种情形了。

花鳅生境图

小型河流到了中上游,水底的构造有了很大的不同,细致的沙滩会逐渐地被卵石所替代,越往上游卵石就越多越大,直至山谷巨石间湍急的山涧。在溪水从山中流淌而出时,中游地带中小型卵石铺底的河段是野外采集绝佳的地点。

辗转数省各地采集,除非是有目标鱼种,一般情况下大多会选择在这样的河段观测和采集。这里的河段水体流速缓慢、生境多样,既有缓流也有浅滩同时还有激流,是淡水鱼种最丰富的水体,上层中层下层各生态位都有着独具特色的鱼种。在一处环境保持良好的此种河流中,对自己发现的鱼种进行了统计,有四十几种,而其中大部分为当地特有鱼种,一片并不太大的流域中,有如此之多的鱼种很是令人惊叹。只是一般人如不留意,可能仅仅只是发现河流中鱼类之数量而忽视了其中的种别。

如此环境下的野外采集,是极具乐趣和挑战性的,只有对流域中的鱼类习性有所了解,才能有所斩获。

采集花鳅图

2. 虾虎鱼

其实在卵石铺底的溪流中，最容易采集的是生活于河流底部的各种淡水虾虎鱼，它们不仅种群数量较多，而且在同一区域还会出现数种。

国产小型淡水鱼爱好者心目中，这些溪流中的虾虎鱼是最引人注目的明星鱼种，它们除了较易获取外，其魅力无限、艳丽无比、变化多样的形态特征，人们为之倾倒，以至于很多爱鱼者成为虾虎鱼爱好者。

溪流中的虾虎鱼以小集群的方式栖息于溪流中卵石丛中，它们以卵石间的缝隙为家，在其间觅食追逐嬉戏。通常它们以一尾优势雄鱼、数尾雌鱼和若干亚成体生活于一小块固定区域，最优势的雄鱼会霸占区域内最宽敞舒适的卵石缝隙，以此为室。平时就匍匐于卵石表面，捕食各种小型水生生物，察觉危险时，就躲进家中避难，轻易不会离开，即使是被迫逃往他处，危险解除后，它们还是会回到原来的卵石家园中。所以在采集虾虎鱼时，一般不用担心它会跑出多远，只要有耐心，它还会在你的视野中现身。

捕鱼

当你刚下到满是卵石的河流中时，水下的卵石丛通常空空如也，有时可能真的是被人为破坏或污染。

在健康的溪流水域中，只要你站在此处一动不动地等待两三分钟，惊喜就会出现，一些个小脑袋就会迫不及待地从卵石缝隙里探出头来，不一会儿一尾一尾的小鱼又重新爬上卵石表面，打打闹闹，开始了它们的日常鱼生，丝毫不会在意水面上的这个庞然大物，个别胆大的还会把你浸没于水底的脚背当成了一块可以探索的新领地，爬上去。这时，你就可以从自己脚旁边的那群虾虎鱼中，挑选自己中意的那尾，想办法把它弄进你的抄网中。

这事急不得，慢慢地把抄网放进水中，让网口对着流水的方向，网口的底边没入河沙或小卵石中，抄网离目标鱼不能太远也不能太近，不要惊吓着它，另一只手则要开始施展驱鱼大法，一次不行来第二次，掌握住了彼此的节奏，总能如愿。

在此等采集过程中，抄网的外缘不宜太厚实，细薄点的更易在卵石丛中操作，不过网兜不能太浅，回过神来的虾虎鱼会尝试跳出抄网，深的网兜可以很好地打消它们的这个念头。野生的生物都有着极强的警觉性，一尾中意的漂亮的虾虎鱼可能得重复几次这样的过程，才有可能把它抓离水面，好在它是如此的恋家，跑再远也还是会回来的。

乌岩岭吻虾虎

3. 小鳔鮈

同样是溪流卵石丛中以群居方式生活的其他鱼类，就没这么好采集了。小鳔鮈是溪流中的标配鱼种，通常成群地匍匐于卵石表面，啄食卵石表层的藻类或者是从上游漂下来的有机碎屑。

此类小鱼就有些像草原上的鹿群，以群体移动的方式短距离地在水底迁徙，采集时你就得紧跟其后，追逐它们，尽量把它们赶往水浅之处。在这个过程中，既不能逼得太紧又不能让它们逃离得无影无踪，慢慢地跟着，总会有些疲倦掉队的，然后用抄网想办法把它给弄上来。曾经的那尾建德小鳔鮈就是这么采集上来的，锲而不舍地追了它二十几分钟，好在河水清澈且不深，不然断然难以成事。

小鳔鮈生境图

小鳔鮈

胡鮈

4. 小鳡

在溪流中采集小鳡需要和这些小家伙们斗智斗勇，洁净的水体较浅的水域，彼此都能清楚地观察到对方，如此采集，近乎近身博弈。

在这些过程中，有一古灵精怪的小鱼令我印象深刻、最费周折，水底下的它似乎是漫不经心地见招拆招，趁你不注意，就消失得无影无踪。所以每次采集，在没作弊的情况下能有个一两尾的收获，就已经非常不错了，而它们群体中，经验丰富的成年个体，要想逮到它，只能靠运气了。它就是小巧可爱、举止优雅的经典溪流鱼种——小鳡。

不同于其他鱼儿发现危机时会四处乱窜，小鳡很淡定，它会在你毫无察觉的情况下有条不紊地隐身消失，那附近的每一处卵石缝隙都有可能是它的遁身之地。

野外时，在岸边，明明见着一两尾结伴盘旋于卵石块之间，等走近下水时，就不见了踪影，没留下任何慌乱逃遁的线索。这时你得耐心地站立在水中等待，当其他小鱼儿解除警戒出现在水中时留意水下卵石缝隙，有可能你会发现一个小小身形在缓缓移动，慢悠悠地探出脑袋向外观察，当所有的鱼儿又恢复了原先的自然状态后，它才会从石缝中缓缓地游弋出来，这时你才能锁定采集目标，随后的博弈会让性急的朋友抓狂。当把抄网在水底放好，用手开始驱赶小鳡时，它完全没有其他鱼那样的慌张，只是慢悠悠地躲闪着，即使手都快触碰到它了，它也只是把身体微微地偏移一下，灵巧地躲开，就在看上去快要被赶进网兜里时，依旧是慢慢地转个身，就绕进了石缝中，哪怕把手指伸进去也吓不着它，它从容地从你指边溜过，钻进另一个石缝中，不停地与你躲猫猫。

这个过程中，你丝毫察觉不到它的任何慌张，你就是把石块直接搬了起来，也无济于事，在泥沙翻腾的间隙，它又钻进旁边的石缝中了。在浅水区，与小鳡还能交手几个回合，一旦它逐渐靠着一个个的卵石缝隙类似瞬移般地游进深水区后，就再也没有任何机会了，那些成体的小鳡，在一开始时就是这么干，所以大部分情况下，只能找未成年的小鳡下手，还会有些胜算的把握。只有当它们被慢慢地驱赶到较浅的水域时，才有可能用抄网把它们给捞上来。

经常是忙活了一上午，也就只能采集到几尾亚成体的小鳡，不过这个过程挺有趣的，所以每次带回几尾小鳡，都会精心饲养，赠与朋友时，也会多加嘱咐，让其好生珍惜。

小鲵水下生境图

小鲵采集图

小鳈是溪流中温和的底层啃食族,优雅地紧贴卵石表面游弋。与它们一起分享卵石溪流水域的,还有一群特别的素食主义者,它们紧紧地匍匐在卵石表面,用特化的吻部刮食着卵石表面的青苔,它们属于某种适应溪流环境特化的鳅类,统统归进了被称为吸鳅的一大类中,一些鱼种还进化出了特定的吸盘,能牢牢地吸附在卵石表面,不会被湍急的水流冲走。

在溪流区域的是被称为缨口鳅的成员,生活于整日被水冲刷的卵石区域。相比较于小鳈,它们可是属于非常敏感型,一有动静立马逃窜于急流中的卵石缝隙深处,经常是一坨黑影一蹿钻入石缝中。如果有耐心,悄悄地蹲在岸边,可以看见它们三五成群地趴在那儿,欢快地亲吻着光滑的卵石表面。在这样的水中,逮住它们是件很困难的事情,等你准备动手时,它都不知躲进哪个石缝中去了。

不过想采集它们还是有窍门的,找一激流处,紧挨着把抄网放在下游顺水处,然后用手一块一块地搬开石头,当你猛地提起另一只手的抄网时,里面必定多出几尾肉坨坨黑乎乎弹跳的身影,它们就是受到惊吓,躲藏在卵石底部的缨口鳅,看上去空无一物的激流中会藏着这么多的小秘密。每次大多数都放生了,只留几尾体形较小的亚成体带回饲养。只有亲自采集了才知晓,吃素的货居然会长得这么肥。在溪流中,对付喜藏匿于石缝间的鱼种,此类方法很是有效,经常会有惊喜,即使没有吸鳅类的小鱼,也会有其他种类的收获。

原缨口鳅

小鯨

5. 其他采集法

在溪流当中四处游弋的小鱼，相对来讲就比较难以直接捕捉了，无论是上层的鱲，还是中层的鱊和鮈类，使用传统的钓具可能更容易得到自己需要的鱼种。为采集而备，小手竿即可，最小的不带倒刺的鱼钩，最大限度地避免伤及鱼身。一些状态较好的种类，都是如此获得的，可惜自己极少垂钓，朋友中倒是有几个能手，每次看到他们获取的最佳发色的美鱼，羡慕不已，我只能弄些幼鱼慢慢地养成那个样子。

小型虾笼在溪流中也还是可以用的，不过只能用在缓流区，在流速较快的水域试过，鱼根本不进笼子。有一种白色丝线编制的虾笼，入水后，几乎透明，白天采集鳑鲏或鱊极佳。弄些饵料，放入河中，半个小时后拿起，满满的一网，全是鳑鲏，没经历过此事的朋友，每每碰到，都是惊叹不已。还好自己不是抓鱼来吃的，不然那些鱼们可就遭殃了。

普通虾笼

小型虾笼

6. 寻鱼之后

我们都来自大自然，随着工具与技术的发展，在群体意识的影响下，我们对想象中福祉的追求，让我们改造自然的同时与自然渐行渐远。但我们，曾经的野兽，远古时期的印记还存留在灵魂深处，只有当我们面对自然时才有可能微微唤醒沉睡中的印记，虽然我们永远都不可能回到那个真正的自然环境中，但这种回归的冲动还是使得我们亲近着这个已经被改造得面目全非的自然时，能够体验到一丝丝心灵的慰藉。

而与小鱼儿们的一些博弈，让我们重新获取曾经游猎时的兴奋，此种游戏从某种角度上来讲，与圈养的猫咪乐此不疲地戏弄毛线团一般。小生命的野性对抗，唤醒着曾经的猎人的心神，很短暂却能从被激发出的多巴胺中体验着一丝快乐与兴奋。虽然，我们最后还是要重新披上格式化的外套，重新回归非自然的人造生活中去，但这丝放松，是一剂缓解剂，缓解着这种非自然异化下的不适。

这个过程中，你所想象的那个自然扑面而来，慢慢地接触后会发现，其实自然已经被强烈地异化和改造，只是在"自然之力"的作用下，模糊了我们对它的认知。长时期的接触，会看出些端倪。淡水是一个较为封闭的自然系统，由此其中的变化会显现得更加直接。而这种直接也只有当你长时间近距离地接触后才能真切地感知到。野生生灵努力地适应着被我们异化的自然，在慌乱中不断地依靠着本能通过无数世代的努力得以幸存至今，如今更加剧烈的异化已使得大部分的生灵们再难以赶上人类的步伐，它们借助自然之力的支撑在大范围的崩盘，这种现象采集过程中随处可见，表面的青山绿水掩饰了自然系统中的各种不堪。对其重新的认知，能让我们在穿越青山绿水的惬意中警醒，学会如何与自然真正的和平共处，可能是我们这个时代最需要考虑的命题。

为了捕猎我们发明了很多器具，逐水而居的人们也同样发明了相应的捕鱼器具，即使在现代技术的支持下，传统网具还在继续使用，但是在淡水鱼类种群渐少的情况下，传统网具的作用越来越小，网箱养殖或电力捕鱼成为主要手段。而这两种方式对于天然淡水水域的破坏显而易见。目所能及水域的极具退化，其起的作用不容忽视，即使是一些相对较小的河流区域，小型化便携式电捕工具对于水域生态的破坏也是毁灭性的。业余鱼类爱好者的采集工具，只是传统捕鱼器具的缩小版，野外采集更多地成为一种运动而不是对资源的索取，这些器具与专业捕捞工具比起来，就如同运动会的射击器材与战争中的武器之间的对比。采集更多的是一种体验而不是获取，重要的是这个过程而不是结果，对鱼只的观察，对淡水水域有所了解，有助于我们对于现状有更为明晰的清醒认识，淡水鱼类的采集不仅仅给予了我们与自然亲近的机会，这之间的思考才是我们在其中获取的最宝贵的东西，重在寻而不在取。

寻鱼技巧

保护自然，寻鱼在寻不在取；水域危险，切记安全是第一！

池塘湖泊寻鱼技巧指南

Point 1　识别活跃区域

· 选择平缓延伸至水域深处的浅滩或沿岸边水草丰茂的浅水区，这些是小型淡水鱼较为活跃的区域。

Point 2　利用抄网技巧区域

· 在浅滩处，看到水面有水花翻动时，快速从岸堤反方向罩下抄网，抄网接触到水底时，快速地往回拖。

· 在水草区域，从下往上，顺着水草表层往回收网，或连水草一起带出水面。

Point 3　使用虾笼

· 对于静水中在水中下层觅食的鱼类，使用小型虾笼，安置好饵料后，放入选择的水域，等待收获。

溪流寻鱼技巧指南

Point 1　**选择合适的溪流**

·选择水浅且清澈的小型溪流，这些地方鱼类活动容易观察，也较易捕捉。

Point 2　**观察与接近**

·慢慢接近河流，减少惊扰，以便观察鱼类的活动和习性。
·对于中底层的鱼类，需要仔细观察，将其从砂砾中辨别出来。

Point 3　**使用抄网和虾笼**

·对于中下层游泳能力较弱的鱼类，如花鳅，使用抄网进行捕捉。在拦截时将抄网前半部分掩埋在沙砾之中，或有奇效。
·在流速较快的水域，使用虾笼捕捉中底层游速较快的鱼种，如鳑鲏和鱲。

Point 4　**采集策略**

·对于群居鱼类，如小鳔，采取追逐策略，将它们赶往水浅之处进行捕捉。
·对于藏匿于石缝间的鱼种，如缨口鳅，采用激流处抄网捕捉的方法。

Point 5　**小物钓**

·专门针对溪流鱼种的一种钓法，适合游速较快，不易用网具采集的鱼种。

三、有故事的画

从晓起村的光唇鱼开始

婺源是个好地方，大部分朋友可能对其最熟悉的就是那儿的油菜花和散布其间的徽派村落，而其发达的溪流水系以及丰富的、保存相对完整的河流小型淡水鱼体系却不为人所知。

近几年，婺源一直是我的兴趣之地，除了明清徽派村落，那溪流中的鱼一直牵扯着我的心。在自己的居住地周边，也只有这，小型淡水鱼才有较完整的保留。婺源境内，从地理分布来讲分北线和东线，长久以来我都是跑北边的思口—清华—浙源—理坑这条路线。

这年暑期停留于晓起，就换了一个方向，尽量避开旅游热点，粗略地探寻了一番，水系还是很丰富。相对于北边来看，更偏向于山地的感觉，河道狭窄了些，一些河段里的水显得更深，在落差变化不大的情况下，河流略显得湍急，不似北线，河流蜿蜒平缓。因都在同一县域，鱼种的分布相同，同样也是人多鱼就少，人少鱼就相对多一些。

婺源水景组图

住在晓起，刚好村旁有条支流，水浅，还能探寻一番。鱼的数量不少，但类别并不多，能观测到鳑鲏、小鳔鮈、银鮈、宽鳍鱲、缨口鳅、光唇、黄唇吻虾虎鱼，不知为何，虾虎鱼反倒并不是太多。夜间跑小河边采集了，没什么意外发生，曾经见过的一些靓丽鱼种都失去了踪影，只采集到不少的鳑鲏，居然全都是雌鱼，只好空桶返回。第二天白天再试试，还是如此，鱼的量虽多但种群差异度并不丰富，倒是当地一垂钓者收获一尾雄性成体光唇，很是让人惊讶。

光唇鱼是山区溪流中常见鱼种，徽州一带很多，幼体多活动于浅滩处，较易获取，成年后则在水深激流的中下层游弋，反应敏捷，徒手使用普通网具是难以捕获的，此等壮年期的雄性，如若不是使用钓具，更是难以在水中捕获。确实与幼年期萌态不同，壮年期的光唇鱼以霸气取胜，身形稳健壮实，体色对比强烈，上深下浅，背部从头至尾泛绿，与幼体斑马纹不同，一条冷深色从体侧中部贯穿头尾，除尾鳍草绿外，背鳍、胸鳍、腹鳍、臀鳍都以红色沁染。特别是背鳍，第一根棘刺冷黑，红底子下，鳍条之间都不规律地涂抹了些冷深色块，与体两侧的横纹相辉映。厚实的吻部，除了一上一下各一对触须外，角质状泛白的追星显得极为引人注目，一颗一颗地从眼眶处开始直至吻部前端，逐步变大。仔细观察会发现，这是雄性光唇为自己准备的利器，完美的武器装备。每颗追星，无论大小，在圆饼状基部结构上装备了顶端尖锐细长的圆锥体，环绕一圈的追星使其吻部如古代兵器狼牙棒一般。看来，我们陌生的水底生涯充满着争斗与凶险。雌性光唇相对来讲长得就温和多了，保留了幼体时的斑条花纹，只是花纹要窄很多，然后，体侧中间一条深色的横线把背部下来的纵纹连接了起来，黑色纹路从尾柄通过鳍条延伸至尾鳍，体色对比与鱼鳍的色泽表现也要温和不少。

光唇鱼组图

光唇鱼

091

一般来讲，越是河的上游，村落越少，水质就会越好，鱼的种群就会更丰富。沿着公路往上游，直到当地乡村公交的最后一站。两个相隔一千米的自然村落分布在溪流的两侧，水质真的很不错，清澈见底，鱼成群地在水中游弋。表层，鱲以集群的方式活动，这是江西安徽特有的高屏鱲。比起相隔几十千米的晓起，鱼种多上不少，站在岸边，透过清水就可识别出不少鱼种。最少三种鳑鲏或鱊，三种虾虎类别，成体的高屏鱲与光唇随时可见，银鮈、底层的丹羽江鳅、某种小鳔鮈、缨口鳅，还见到了一种中等体形的鱼，可能是某种溪流花骨，三五成群地在较深的水域徘徊。从早到晚，都有村民在河畔，用手竿钓鱼，不分男女老少，坐在自家门口，端着饭碗，边吃边钓，钓上来的大部分为高屏鱲和光唇。

在村子待了数日，各类都采集观测了，返程时，除了肯氏鱊和石台鳑鲏外，其他都就地放生了。只是简单地探寻了一下，水域中应该还有生活比较隐秘的类别。在此地，除了水和鱼外，让我最感慨的是，村口的一块石碑上刻着的三个字："育鲲池"，旁边还写了年份康熙三年立。

村口石碑

宽鳍鱲

因是带家人游玩，顺便找几处可能的采集点，只是简单识别了碰到的种属，没太下工夫去认真采集。虽然如此，在最后一个村子，确实收获不错，成体高屏鱲、小鳡、黄唇吻虾虎、丹羽江鳅、石台鰟鲏、肯氏鳉、缨口鳅，担心路途安全，以及饲养的问题，只留了几尾石台鰟鲏、肯氏鳉、小鳡、江鳅，其他的都就地放生。

高屏鱲，在当地是绝对的优势种，成群的，但大多数都为亚成体，熟知我国小型淡水鱼的朋友应该很清楚，完全成年期雄性鱲的夸张，但野外个头最大化的如此雄性占种群的极少数，而且会更加警觉，游速更快，以徒手网具是绝难采集，但在夜间就不同了，在此收获了见到过的最大一尾雄性高屏鱲，体长15厘米，除了色泽艳丽外，其吻部追星极其犀利。出水时，挣扎弹跳剧烈，双手触碰到吻部追星时，其粗糙且有质地的摩擦感，显示着其族群中的显赫与霸气。曾听早先养鱼的朋友说，但凡雄性鱲长到最大体形，发色最为艳丽，达到鱼生巅峰时，基本就到了生命的尽头，在与众雌性求欢不久后就会力竭而亡。偶尔在野外见到，体形最大、状态最佳的雄性鱲的遗骸，很是惋惜，就不知是否与这有关。在野外见识过壮年期雄性高屏鱲的癫狂，完全不顾岸边窥探它们的巨物，雄性之间亢奋地互相比试，观察了整整一个下午，那几尾雄性毫无顾忌地在水下癫狂。

鳙，是很有魅力的一种小鱼，其宽扁的身形极具特色，由此与其他鱼类区分开来，也因如此同类间的区分就有些困难了，在未发色前，精确地区分不同的鳙类是件很有难度的事情。婺源溪流中盛产鳙类，而且种类繁多，七八种之多，但自己能识别的就三四种。前些时婺源之行，河边拎起水中的小虾笼时，看着满笼蹦跳的鳑鲏和鳙都不知如何下手了，看着都是一个样子，现场发图辨认，认出三个种出来，但肯氏鳙却是一眼就能和常见的鳙拉开距离。因一直以来，都是以采集为先，肯氏鳙刚见到时完全认不得，夜间采集而得，在灯光下，溪流中游弋的肯氏看上去更像一条麦穗，只是身形显得要细长一些。出水后，其稍稍侧扁的体态，才暴露出其鳙类的身份。仔细观察，身形相对细长点，没有普通鳙类夸张的宽扁，除了侧扁以外，从尾柄显现的一条淡淡的绿线倒也昭示着它的身份。与其他鳙或鳑鲏相比，其细长的体形倒也是它的又一特色，周身偏冷色，色泽较深，鳞片表现很明显，头尾透出点点黄色底子。上下相对应的臀鳍与背鳍，色泽斑块还有些意思，外缘都是一圈橙色，背鳍黑斑块很显著，大块大块的，水中游弋时很是惹眼。吻部偏下口位、厚实，一对长须，底层主动觅食者，荤素通吃。看上去平淡无奇，细细观察，发觉周身都有动人之处。

肯氏鱊

石台鳑鲏

西江的某鲍或某鲤

张家界山水

这鱼是在张家界的金鞭溪看到的,在石块间穿梭的几尾成年体很是好看,清水掩映下,体侧的横纹显得异常亮眼。

溪水深度过膝,水底又是大石块,鱼儿异常警觉,完全没办法小抄网采集。

看到岸边浅水区,有几尾小鱼,猜测是同种的幼体,就带回六尾,转赠三尾,剩下三尾自己养着。

鱼的幼态

鱼的成年状

其幼体萌态,身体半透明,体侧浅浅的一道横纹。一晃三年过去,三尾中仅存一尾也已从当年两三厘米的幼体长成八厘米的成年体,身体形态已近成熟,接近当年金鞭溪中所见情形。全身鳞片清晰精神,背暖色倾向,腹部银白,体侧中部一条黑色显著横纹贯穿头尾,下口位,唇厚,一对长须甚为明显。一直不知其具体种属,查阅过一些资料,无图对照。

询了他人,仅以图分析,可能为西南产的某种光唇或白甲,还得待它长得最大时,才能真正辨认。从幼体至成年,三载见其慢慢变身,这过程也是挺有意思的,不间断地观测数年,发现此鱼性情较温和,杂食,野外溪流中应该是以河底卵石青苔藻类,以及沉积于石缝间的有机碎屑为主食,如若有伤残的小型肉质生物出现,应该也不会放过这荤腥。

水中游姿

方氏与粗纹暗色鳊鲏

小型淡水鱼辨识起来不太容易,特别是一些同一个亚科里的,形态习性上都有很大的相似性,如不注意专门识别,很容易就会弄混,方氏鳊鲏和粗纹暗色鳊鲏,就是其中的例子。

方氏鳊鲏

粗纹暗色鳑鲏

自己有很长一段时间不太能分清楚它们之间的差异,都是鳑鲏属中的溪流种,又都是偏小体形,体色表现上有很强的相似性,如若只粗略比较,确实容易混淆。曾经在野外收获了一尾小体形的鳑鲏,因为体形相对较大,又没有完全的发色,就当方氏养在了缸里。

后来,有位朋友送了一尾确认是粗纹暗色的鳑鲏,体形很小,只到疑似方氏鳑鲏的2/3,发色非常标准,体侧呈冷色粗纹网格状的纹路极其明显,鱼鳍上的色泽分布也很正确,背鳍的大块黑斑一直未退,身体的粗纹暗色得非常到位,由此这两尾鱼就分缸饲养了。

鳑鲏游姿

外出浙江，在当地溪流中收获了几尾以前就曾经碰到过的鳑鲏，
当时未确定具体种属，就此与朋友对照辨认，
其为分布于浙江河流水域中的方氏鳑鲏。
带回几尾单独放鱼缸中饲养，
慢慢地状态最好的雄鱼体征越来越明显了，
而以前疑似方氏的那尾鳑鲏早与粗纹暗色合养在一口鱼缸中多时，
相互对照比较，差异就体现出来了。
方氏鳑鲏也是鳑鲏属中体形较小的类别，
雄性发色后，体侧鳞片也会显示出冷色暗格状的纹样，
但对比要暗淡得多，其中与粗纹暗色最是不同的有三处，
方氏的嘴唇和尾鳍都呈很明显的红色，
尾鳍中间几根鳍条尾柄处是红色的，
而粗纹暗色不仅体侧冷色暗格极为明显，
而且嘴唇虽有淡红但被深色覆盖，
尾鳍中间几根鳍条的尾柄处却是完全的黑色。
鱼体腹部胸鳍至腹鳍处鳞片黑亮黑亮的，
方氏却是没有。
比较起来就会发现，
最先认为是方氏的鳑鲏，
除了体形大以外，其他方面的表现与小个子是一模一样的，
想来应该是同种不同区域的差异，造成体形的不同。
当然在识别鱼类时，
还需要通过鳍条、鳞片的数量做依据，
现今最专业的就主要靠分子分类法来做判断了。

白边鳈

在大部分人眼里，我国淡水中的小鱼都是毫不起眼，平淡无奇的角色，这只是了解关注它们的人太少，被大部分人所忽视。其实世界上的色彩，被它们中的一些成员运用得游刃有余，不同于宠物市场上的热带鱼或人工鱼种那般浓妆艳抹，在色彩调配上只是显得比较内敛而已。我国淡水的小鱼儿们通过各种方式，节制精练地在身上做着色彩游戏，在低调中冷不丁地惊艳一把，红黄橙绿青蓝紫都闪现在它们身上，甚至是不透明的白色亦会被灵活运用起来。白边鳈就是其中很棒的例子，原来只有耳闻，都说白边鳈的白边在视觉上极其有意思，但是此鱼似乎行踪隐秘，身边不曾见过活体，也没想能自己采集得到。

有一段时间，前后外出过数次，都是在湖北周边区域，采集时只碰到了鳑鲏和鳈，没什么太奇特之处，看上去都是寻常类别，就随意挑了一两尾带回放入工作室鱼缸中。几个月过去了，也没太留意，突然有一天，发现鱼缸的鳈中有一尾的背鳍和臀鳍边缘，像是被厚实的白色颜料抹了一下，白白的小边缘在暗深色的水中很是显眼。随后几天，白色越来越明显，腹鳍上也开始显现白边，同时体色被整个调暗了好几度，由此以来，白得更加醒目。毫无疑问，是白边鳈，又过了段时日，吻部追星也体现了出来，淡淡的白，在暗暗的偏绿的水底世界，深色衬托下的白边绝对是一股清流，配合着深冷色的体色以及尾柄至尾鳍的一缕暗红，如此搭配难以名状。想想白边鳈多溪流湖泊较深水域中的中下层生活，雄性白边鳈依据着醒目的白边在幽暗的水底昭示着自己的存在。

白边鳈

105

建德小鏢鮈

水中图

    2011年正式用水彩记录的本国小型淡水鱼的第一尾对象鱼，当时在网络中见其图像，为之惊叹，于是正式记录国产淡水鱼的起笔就从它开始。

    没办法自己采集到标本，只能参考些网络的资料，因此完成图也就一直未拿出来示众。确定采集，饲养，观测，对鱼有全面了解才记录的原则，能与众人分享的作品都基本遵循着这个原则，所以直到2015年暑期自己在野外才真正碰到了建德小鳔鮈。野外采集很少有强烈的目的性，多数都是被当地自然环境以及水域情况所吸引，好奇心探索欲使然，建德小鳔鮈的邂逅纯粹是意外，几年后与当地鱼友聊天才知晓，我们偶尔闯入了那片区域内鱼种最丰富的溪流河段。由此碰到最艳丽的建德小鳔鮈也是大概率的事情，虽然其后见过其他的图像资料，但这尾应该是目前国内此种类别，我见到过的状态最好的一尾。

标本头尾长10厘米，体态、色泽、斑纹都极具特色。这鱼以前曾广泛分布于富春江水系，昔日渔民都是论斤地在菜市场内售卖，如今只存在于很狭小的溪流河段。喜高氧，对水质要求高，山区溪流冷水鱼种。其满身色泽奇特，宽大泛红的鱼鳍，体侧斑块又是冷深色。吻部厚实性感，滤食河底有机物，性情较温和。雄性领地意识强，对同种雄性有尺度较大的压制行为。

建德小鳔鮈

遵循"一夫多妻制",野外时,一群暗淡、性状表现普通的同类中就有一尾艳丽骚包的优势雄性。因其对水体环境要求较高,带回的两尾,均没有撑过第二年的武汉酷暑。如今一些不易室内饲养的鱼种,都是尽量只在当地搜集素材,观测后原处放生,如今想一想还有愧意,如若不是当初,现今其故里水中,有多少是它的后代子孙。为它前后画过数幅图,幸当时留下的资料丰富,还会继续把它最美的一面慢慢发掘出来。

侧身图

淡水虾虎

水中武义吻虾虎

淡水虾虎鱼为我国淡水中最常见的小型淡水鱼,大多性情凶猛,以小型水生无脊椎动物为食,也会攻击体形比它小的各种鱼类,分布广泛,而且种类繁多,匍匐于水底,伺机而动。从起源来讲,淡水虾虎鱼是由历史上历次海退地质事件中遗留在淡水中的海洋鱼类,随着时间的推移它们慢慢地适应了淡水环境,成为纯粹的淡水生物,不过一些海洋鱼类的特征还是存留在了它们身上,它们依旧保留着艳丽的色泽,体色变化上比其他淡水鱼种要丰富得多,在运用不同色系的搭配上很是娴熟,大部分淡水虾虎鱼的背鳍上还会显现出金属光斑。但也有例外,似乎更为倾向对单色系的运用。武义吻,一种在武夷山北面山溪中发现的虾虎鱼,就是这类代表。

生境图

武义吻虾虎

武义吻虾虎更偏向于稳重的暗红色,整个体表呈暖色倾向,除了泛浅黄的底色外,依据身体和鳞片结构形成的斑块,都是在一种红色中选取,只是深浅明度变化而已,鱼鳍鳍条上的着色亦是如此。如此一来,每次看到它就觉得怒气满满,再加上第一背鳍夸张的刀片状形态,配上暗红色,就是一副还没开始,就把自己给"气爆了"的感觉。

其实,如果了解原产地的水域环境,就会知道红色为何会满布其全身了。武夷山北面,靠上饶地段的山体,多以红色砂岩砾岩为基底,山区中的溪流冲刷着山体,河床的砂石就多呈现暖色系,山涧中的巨石,溪流中的卵石,细沙粒由此都在暖色基调之内,透过清澈的溪水,除了偶尔的水下植物,只有少数不知从哪窜来的深冷色的小卵石点缀其中。在这样的环境下,河床的基调不自觉地就会蔓延到生活其间的小生灵身上。

武义吻虾虎

粘皮鲻虾虎

鱼儿在水中,被水浸泡着,身上色彩的呈现完全不同于陆生的生灵,似乎很大一部分的成员会依据环境和情绪的变化,变幻体色,有时会发现平时所熟知的小家伙,怎么会用另一副面貌出现在你面前。

粘皮鲻虾虎

粘皮鳚虾虎是最常见的一种生活在湖泊中的小型虾虎鱼，大部分情况下它们都是以冷深色，有时以接近黑乎乎的状态示人。一直以来都习惯了它们忍者般的人设，不想自己的一口鱼缸中出现了一尾浑身偏暖色调的粘皮，在它身上的一些着色部位还呈现出橘色的区域。想想，可能是那口鱼缸的环境，使得它相应的换上了合适的涂装，浅色偏暖的细沙铺底，因为每日光照充沛，水底植物极为茂盛，如此温暖亮堂的世界，确实需要调整自身与其同步。

粘皮鳚虾虎生活于池塘湖泊中　　　　　　　　　　　　　　　　**头部前视图**

浙江的雀斑吻虾虎

美丽总是存在于不经意中，毫不起眼的小鱼只当给彼此机会时才能目睹它们的美。

浙江一县城边的乡村马路旁边，一条普普通通的小溪流，平日里周边小农户的三轮车奔驰来往于田埂路边，谁也不会在意路边水中会生活着一群这样的小型虾虎鱼。由于它们的小，即使我下到水中也不会被它们所吸引，看上去太普通了，即使是我把它们采集上来的时候，也丝毫没有留意它们。如果不是因为想多了解一种虾虎，可能都不会把它们带回家。

入缸后，它们和其他几种小型的溪吻虾虎会聚一堂，倒也很和睦。

过了半个月后，它们终于适应了鱼缸中的生活，其中的一两尾状态良好的雄鱼开始显露出其自身的魅力，它们那喉鳃处红色斑点告诉了我，它们的身份是雀斑吻虾虎。等两年后再次前往时，溪流卵石中成群虾虎鱼的景象消失了。在溪流中搜寻了很长一段距离才在一缓流区，见着零星的几尾，而溪流的其他处，由于溪水富营养化的缘故，河底卵石被铺上了一层灰绿灰绿的藻类，只有在这一块区域，流动溪水的动能，使得这里的卵石还保留着其本身的色泽。在这，勉强能够观测到虾虎鱼的踪迹，少量的几尾，但也足以形成一个小规模的种群，采集了几尾没有成年发色的大型个体，返回时，都就地放回。

雀斑吻虾虎

雀斑吻虾虎

扁头吻虾虎

扁头吻虾虎

大自然总是很低调，常常会把自己的魅力隐藏得严严实实，只有在一定时日的坚持下，才有可能洞悉它的秘密。扁头吻虾虎是在江西山区溪流中经常能碰到的溪流虾虎鱼，不知其学名，因其头部从顶往下看时，像是被压扁了似的，由此被熟知它们的朋友所称呼。虾虎鱼一直是爱鱼人青睐的类别，扁头吻虾虎却是例外，因为实在是长得太低调，很少有人会把它们从野外带回家中，自己倒是觉得既然未曾养过，养个一尾，了解熟悉下也是可以的。就这样，无辜可怜的它就此告别野生溪流生涯加入了我为它们营造的丰富祥和的多省交流鱼缸"朋友圈"。很快它就适应了，时间慢慢地过去，它的状态也渐渐进入佳境，在其他虾虎们的对比下，不起眼的身姿中开始透漏出一丝丝自己的个性。身上的斑点确实太随性，既无规律又无特色，完全一副不上心的节奏，色彩也用得很平稳，看不到一块艳丽的色泽，但当另一种身着花衣的虾虎与其并行时，它低调中的魅力这才隐隐地展示出来，全身笼罩在灰灰的柠檬黄基调下，身上一些看似不经意的深色小蓝点非常有节制地稀稀疏疏点缀于身躯与鱼鳍恰当的位置，就如同极简主义的艺术大师自顾自地沉浸于自己的高级品位中。

扁头吻虾虎

三兄弟

一开始养鱼，难免多多益善，见到自己喜欢的就放进鱼缸中，这样一来各地不同的生灵就不免碰到了一起，还好对各类鱼的性格略知一二，从外形上就能有一个大概的分辨。大部分性格温和的类别，要不了多久就会亲密无间地分享这个莫名的小空间，如果是个性相投的，可能就会共谱兄弟情缘了。这三尾就经常聚拢在一起相互簇拥，说实话，看上去确实很相似，但其实相差很大——喜静水、广泛分布的棒花，云贵山区溪流中的贵州爬岩鳅，沙质河流中的乐山小鳔鮈。小鳔鮈和棒花算是亲戚关系，都是鮈亚科中的成员，食性也有些相似，但贵州爬岩鳅就隔得很远了，虽然都是鲤形目，但是另外一个科，爬鳅科的成员。前面两位杂食为主，吞吞吐吐地过滤自己喜欢的食物，而爬岩鳅则以生长在石块上的藻类为食，是用嘴巴啃的。见着它们仨，聚在一起矜持地观察着缸外的动静，确实有些让人忍俊不禁。

从左往右棒花鱼，贵州爬岩鳅，乐山小鳔鮈

棒花

如同所有的国人，没去之前早已不知看过多少对漓江的视觉影像，
自己又是对山对水比较敏感的人，
在诸多讯息中也窥探出漓江的变化，特别是水的变化。
同所有国内景区一般，水在旅游的喧嚣中承载了太多的因果，
所以对漓江的水没有太大的指望。
近10天的旅程，看到的确实是如此一般景象，
不过山水的整体感官还是在那，天赋异禀，
即使有些颓势，但对于初来者来讲还是很震撼的，
就景来讲不虚此行，粗略感官是察觉不出那颓势所在的，水包容万物，
它悄悄地溶解了诸多的因果。
一路上，刻意地畔水而居，
桂林两宿就在漓江支流边，距主流只有几百米，
交汇处即是著名中外的象鼻山，
水浑浊、无鱼，河边有老者垂钓，居然全都是喜淤泥生活的泥鳅，很是愕然。
后面几次歇息，多是挑选游人较少的滨水之处。
慢慢地能碰到些漓江中的鱼了。
不过可惜，主河道鱼只稀少，
数个地点的夜间采集，每次都是江边步行一千米，几乎无可采之鱼，
江水荡漾中，只能见着零星表层游弋型的小苗子或亚成体，可怜的一两尾，惊慌失措。
数个夜间几个采点，只获取了两尾广西鱲，两尾嵊县小鳔鮈，一尾横纹南鳅，想想真是可怜，
一些其他省份在景区内稍微注意河流保护的，小型鱼只多得不得了。
倒是在支流，鱼才多了起来，
不过明显的水质比干流差，但总算能够看到鱼群活动，
用了各种方法，采集了不少越南鱎和丝鳍吻虾虎鱼，
明显地可以看出，虽然鱼的总量还不错，但鱼种单一，
沙塘鳢、越南鱎成优势物种，水中呈现出畸形的生态。
该是卵石溪流生境的水体，淤泥堆积，水草丛生，
本多样的溪流鱼种生态被生生地替换。

因出游很早就准备了，所以对于旅途中能碰到的鱼种也有所预计，工具很全，抄网、虾笼、钓竿一路随身携带，所以最普通的目标鱼种是弄到了。

越南鱊，是广西最常见的广布种，不仅体形大，而且体色艳丽特别，曾经养过一尾，是学生在柳州地段的河流中采集的。这次不仅采集到了发色最好的越南鱊，而且还近距离地观察了它们自然状态下的各种活动。开始是用抄网，白天是完全没办法，不仅游速快而且极为警觉，即使是夜间采集也只能弄到"不通世事"的未成年体，下虾笼也没用，根本不进去，后来尝试着用钓竿钓才有了些收获。

漓江的鱼

没想过会跑到漓江去旅游，
　　自小就听说"桂林山水甲天下"，
　　　　随着岁月过去，想去看看的欲望倒是一点点地减弱，
　　　　　　如若不是家人的坚持，可能还会如此拖下去，
　　　　　　　　可想想这么著名的地方去"打打卡"也是可以的。

漓江山水

垂钓漓江

越南鳑的雄性发色后,确实极其的艳丽,白色斑条的臀鳍,虹彩着身的体色,妖艳无比,

如果不仔细辨别,没有人知道景区旁的溪水中生活着大量的此等生灵。

越南鳑

相比较而言，广西鳋就少得多了，支流中几乎是没有任何发现的，只在主河道中有少量的存在。

感觉它属于植食性有着坚守领域习性的鱼类，白天在一片水域看到了几尾，到了夜间去看还在那，采了两尾，就此作罢。

广西鳋

丝鳍吻虾虎鱼，则是朋友告诉的采点，果然有一些，但与朋友所述不同，并非优势鱼种，

想想河床底下的沙塘鳢军团是它们的克星，那它们也只能委身于靠岸边的石块缝隙之间了。

丝鳍吻虾虎

小鳔鮈则是在阳朔主河道中采集，本应该是河流中数量最大的地层滤食鱼种，一个晚上只看到三尾，开始还错认为是嵊山小鳔鮈，回家入缸后，发现区别很大，熟知鮈类的朋友告知是嵊县小鳔鮈，想想漓江为广东西江的上游支流，与长江水系并无交集，各类生境中的种别必定不同于长江流域。

嵊县小鳔鮈

后来又找到的横纹南鳅以及美丽华沙鳅，亦是如此缘故。

沙鳅分布挺广泛的，大点的江河中都生活着各自不同的种群，它们大部分都属小体型淡水鱼类，一些相似的身体特征，能让人一下就分辨出来，尖嘴小短须叉尾，倒是身上的色泽斑纹差异比较大，即使不熟悉的人也能看出它们之间的不同。漓江的这种最显著的就是它身上的斑纹，体形能一眼就可以判定其沙鳅的身份，但身上的纹样就完全有别于长江水系中的沙鳅。询问熟知它们的朋友，才知道它称为美丽华沙鳅。倒是挺贴切的，大块深冷色又泛紫的底子上，配着不规则黄色细条纹，很好地运用了色彩中的一对对比色，从它的纹样可以猜得出它深藏幽暗江水下的大型卵石丛中的习性，那些浅黄色条纹不正好与透过卵石缝隙掩映在鱼身上的波纹相吻合，真是美妙的隐身术。

美丽华沙鳅

横纹南鳅则看上去如此的普通,以至于把它说成了横纹副鳅。生活于河流中的鳅类分化真的挺大,在长江流域多为副鳅和条鳅,到了南方水系中则成为南鳅的天下。查阅了相关资料,原来它们都分属于条鳅科下十八个属中的条鳅属、副鳅属以及南鳅属,在不同的生存环境生活着完全不同的鳅类,生物的多样性如此畅快地体现在了这一个类群中。

横纹南鳅

丝鳍吻虾虎

  为了能整体接纳漓江来的鱼种，我把工作室的一口鱼缸单独清理了出来，除留了少数几只老鱼外，让它们一起共处一水之中。虽然有老鱼的引领，一入缸就开口吃食了，但极为敏感警觉，人一靠近就惊慌躲避，把几尾已经养熟了的老居户也弄得一惊一乍的，适应了近半个月，才有所缓解，投喂时就出来吃东西，不显得那么慌张了。广西鱊更敏感，抢了一口食就躲进石缝中，不过它吃草的本性还是被我发现了，难怪这几位入缸后，水草开始稀少，连较硬叶片的水兰和铁皇冠都没能幸免，还好只养了两尾，就让它们啃吧！倒是丝鳍吻虾虎鱼，在划分好地盘之后，再也不惧缸外的生人，等着争抢投喂下水的冻红虫。

珠江拟腹吸鳅

  在卵石铺底湍急的溪流中藏着一些不为人注意的小鱼，幽深的卵石河床，荡漾的波光把它们隐藏在了激流中。平时它们紧贴在卵石表面觅食，身体的构造让它们放弃了游弋的力量只能底栖生活，它们能牢牢地吸附在光滑的石壁表面，一旦发现状况，就会迅速地滑进石块的底部藏匿起来，如此更是让它们远离了人们的视线。其实如果有机会近距离观察，你就会发现它们独特的魅力。

  缨口鳅，算是较为常见，各地山区溪流大多都有分布，这尾是来自浙江一山村村边小溪中，看它身上的纹样与掩映在水底的波纹一模一样，背部深色斑纹，腹部则扁平，在胸鳍与腹鳍的结合下，能很好地吸附于水底石块表面，具备着很强的抗水流的能力。

  拟腹吸鳅，来自广东山区，看上去像是缨口鳅的"加强版"。确实，它们生活于落差更大的河流上游，除了身体更加地扁平外，它们的胸鳍与腹鳍高度的特化，复合成了圆盘状，不仅如此，已经扁平的腹部还多出了强有力的吸盘结构，再大的水流也很难把它们从栖身的卵石块上冲走，特殊的构造使得它们在高山深涧中自由地迁徙与觅食。

四、绘画

画鱼

不知该如何来讲我画的鱼，以及如何画鱼。

鱼是我最喜之物，儿时至今给予我诸多快乐与想象，画儿亦是我沉迷之事，少年迷恋直至课徒授艺，从未曾想将两者汇合一处。少年时前途踌躇奔波四方，爱鱼之切暗藏心中，除了遇水之时暗作亲近外，难有作为，倒是画画，弄着弄着即成职业依托，从东偷西窃到入艺术院校正式习画，最后即成沙湖畔艺院教员，从最初自习的石膏静物风景到课堂中的人物人体，从本土朴素的现实主义到近现代世界的各类艺术流派直至今日纷扰的当下艺术生境，由着自己的性子涂抹着自说自画，弄出了一堆斑斓油彩废料，既嫌弃又不舍得丢掉。

从艺入门时，多以苏式影响下的方式渐近，自然以形准写实为要，画着苹果像苹果画着朋友像朋友，一路的行进中，国门也已大开，现代艺术理念在诸人的努力下，逐渐显现在业内学子面前。艺坛的风向经过几波传递最后左右着爱艺人的选择，对艺术的评判摆脱了以往的单一性，形似的追求逐渐淡出，更多地回归艺术与人性本身，在广大民众还未反应过来之时，近百年来的现代艺术现象在这片土地上快速地轮番上演，眼花缭乱之际不断地更新着自己的认知和抉择。

遵从自己的内心，表达诉说自己心迹成为艺术表达的首要，由此也就丝毫不在意于表达的对象与否，符号式的形象带着指向性，工具材料在一定技巧下形成的痕迹与机理同心迹的律动与视觉感触达到某种共鸣与平衡。与此同时生计的安顿使得儿时喜爱的鱼儿回到了自己的身边，油彩涂抹之时，已然适应了与野生小鱼共处一室。无论是室内的鱼人互动相处还是野外搜寻与采集，都是自身生活的一部分，是在艺术、生存之余的一种体验，它是自身快乐源泉的一部分，与其他几样我喜爱之事平行相进，组成了生活中快乐的经纬线，遮蔽与驱逐着生活中不可避免的不快和无奈，只是从没想过它们会在何时何种机缘下互相交织。

华鳈

当一件事情成为生活的一部分时，对其的了解随着时间的推移不断地深入与变化，在这个过程中早期的驱动力会慢慢消退而被随后萌发的想法平分秋色或取代。因为喜欢水喜欢鱼，而开始养鱼，在这个过程中，采集和饲养，让我对这种曾经以为很熟知的事物有了不一样的认知，它们自身所传达出来的信息，不自觉地把几个不同方面的事物联系在了一起，社会、环境、自然、生态、生物各类的元素混杂在一起。当在鱼缸前看一尾游弋的鱼时，除了它自身传达出的自然魅力带来的愉悦外，如何去与他人分享和交流倒显得越来越迫切，就这样，互相平行的事物在不经意地行进中开始交织在一起，终于在某一个点它们汇合了，一切显得如此自然又让人感觉有些莫名，看上去如此地顺理成章。

爱好，是个很有意思的词句

爱，心爱，喜爱；好，亲近，乐于某事。两字意思相近，结合在一起，成为人对事物的一种状态和态度，它使得人在面对某些事物或进行某些事情时不会计较太多得失，事物本身就能带来某种精神的愉悦。

而当爱好继续进行下去后，有可能由于愉悦的获取而对其兴致逐渐地消退，也有可能逐渐地深入，而寻找到更多的兴奋点和兴致所在，使之在时间递加的过程中，愈来愈深入，兴趣的探究和获取蜕变为对某件事物的解惑和研究，情感的投射在行进过程中越来越多地掺入更多的理性控制和诉求，爱好在这时脱离了单纯的愉悦，对真理的探寻成为了目标，如此一来愉悦反倒成为此过程中的副产品以及进行下去的润滑剂，行进过程中更大的挑战则是方向性的选择和把握，以及坚持下去的决心。

水彩，更确切地来说是因为材料与效果而被定义，因为便捷而为多数人所接受。

一张纸，一点点水，再加上色料，在透明色的映衬下就可以完成自己想要的图画了，在最早的时候，它是很多艺术家、设计师打草稿时所惯用的一种材料工具，即使到了现在，还为不少人所运用。虽然材料简洁，但其在视觉上所产生的效果吸引了一部分人的注意，由此材料在不断地尝试和实验中得到了更新和发展，与此同时艺术家在相对应的工具材料下也摸索出了各自不同的技巧，并不断创造更新着这种便捷材料所带来的效果，文艺复兴时期的丢勒所遗留下来的手稿，无不向我们展示着几百年前的水彩所能达到的艺术效果。

时至今日，水彩作为一种为大众所认知的艺术形式，无论是工具材料还是绘制技巧，已经形成了庞杂的体系，当我们在专业画材店中，我们需要在数种不同品牌中挑选自己所需要的工具材料，不同的工具材料会相应地产生不同的水彩视觉效果，而且特定的工具会对应着特定的水彩艺术风格。在自己开始尝试着用水彩这种方式表达时，也面临着不同的选择，画笔、纸张、颜料在一定程度上会影响着你探索的进程以及方向，特别是在一开始的时候，其影响可能会更巨大。

好在我学生期间曾经接触过一段时间的水彩，而且在随后的时日里，由于工具材料的匮乏，曾有数年时间野外水彩写生的经历。另在视觉艺术探索过程中，身边并不缺乏专业的水彩艺术家，一旦决定采用水彩这种表现手段时，他们的建议是最好的参考，虽然如今我选用的并非都是当初他们所推荐的，但这确实对我后续的选择提供了极为积极因素，自己主观的选择并没有因为非专业的缘故而遭受挫折。在这期间，个人的经验告诉我，最开始的尝试中，质量上乘的工具材料，确实能在一定程度下稳定进行下去的信心，特别是这种非常直观就能产生效果的手绘方式，由此我经常告诫我的学生，初学阶段不要为了节省，而失去对一种艺术手法探索的乐趣和可能性，当熟练掌握形成自己风格并建立起专业自信后，工具材料上的取舍就成为一个非常次要的选项。

其次，在最初的起步阶段，各类材料的尝试也是未尝不可的，即使是水彩的材料，不同材质与工具在不同的搭配下所产生的效果是不一样的，在最基本的水彩呈现手法和效果上来看，一些材料与工具并不像想象中的那么严格区分。想想几百年前的水彩，除了所呈现出来的视觉效果，其所用的工具材料与现今的相差甚远，而在纯艺术的水彩界，其他材料工具的混合运用是越来越普遍，马克笔、丙烯、沥青、蜡笔都被艺术家用于水彩画的创作中。

这样讲的缘由，并不是让大家在一开始的时候就放开地去涂鸦，而只是说对于一个画种的认知，需要在一种模糊范围内做一个整体的把握。

工具材料的选择

目前市面上的水彩颜料品种繁多,总体来讲个人更倾向于进口颜料,虽然我也并没有选用最贵的颜料,但基本符合自己绘制水彩的最基本需求。对水彩颜料的选择可以从三个方面入手:

一是颜色正,在未混合其他色料的情况下,其本色的表现是否纯净,鲜艳是其能察觉出来的一个指标,在任何洁白的纸面上都可以尝试出来,即使是一些深冷色甚至是黑色,其色的纯净也是能够感受得出来的,在湖北的一位著名水彩画家那,他最擅长的黑色就是用一种特别的进口黑色绘制而成,其画面沉稳高贵的黑一直以来是他的学生谈论的话题。

二是透明性,良好的透明性是优质水彩颜料的生命,水彩艺术最基本的视觉效果是通过透明来完成的,使用透明性不好的颜料对于画水彩的画家来讲,就是一场灾难。

三是个人在色彩上的喜好,不同的厂家生产出来的颜料都会呈现出各自的特色,即使是相同的标号呈现出的也是有差异的色彩效果,所以在选择上可以遵循个人的喜好,在一开始可以多尝试几种不同的品牌,自己用最舒服最顺手的才有可能是最合适的,所以本人所喜好的颜料并不一定适合其他人。

在挑选自己需要的颜料时,也不妨咨询下专业画材店的老板,多年的从业使其对一些颜料的了解远远超过普通的初学者。自己用的水彩颜料,在市场上就存在着两个不同批次的货品,由于制造年代和厂商的变化,同一牌子的进口颜料,质量上有着明显的差异,而这些差异是很难从包装和标价上看得出来的。

颜料

纸张是颜料和水最后被承载的地方，其纸张的各项指标必然会左右着留于其上的各种痕迹，当需要追求水彩通透、鲜活、轻快的效果时，依据需求各处生产厂家经过调配制造出了各式各样的专业水彩纸。在自己尝试过几种之后，得出的结论就是，大部分厂家的纸张效果与其售卖的价格是相互匹配的。

总体来讲由手工制作白皙厚实300克左右的进口水彩纸就能满足一般水彩画家的要求，当然，个人觉得越厚的纸张用起来越顺手，由于自己绘制的习惯一般都是采用表面细纹或平整的水彩纸，近两年来用的都是一种据称是进口纸浆机器制作、克数达到500的一种平纹水彩纸，不托裱的情况下用自己的画法绘制4开大小的尺寸，作品完成后纸张还能保持平整，而其他克数的即使是16开的如果不托裱，绘制完成后必定会起皱，即使是为了写生便利而出产的各式水彩本子，也都会出现如此的问题，克数越小情况越严重。

所以当初学水彩时，第一节课教的就是如何裱好一张水彩纸。

在水彩的绘制过程中，水的运用至关重要，工具对水的包容度成为首要因素，因此各类以柔软顺滑、有较强吸水性的毛制笔具成为水彩画笔。

记得最先用的是画材专售的竹制笔杆平头水彩笔，较长羊毫制成，当时为了达到某种流行的效果，还刻意用锋利的美工刀切平笔端，时至今日水彩画家案头运用的笔具多了起来，中国传统羊毫制作的毛笔也被大量运用，而新兴的一些化学尼龙笔，因为同样具有一定的吸水性，而被大家所接受。

在水彩笔的运用上，倒是没有出现很明显的因为价格的缘故而产生的差异。自己这么多年用的都是由家庭小作坊制作的中白云和小白云，由于质量可靠，绘制中一些需要处理的小细节，小白云都可以担当，由此画材店里出售大部分水彩笔逐渐淡出了我的视线。一个艺术家对自己运用的工具材料的选择也是一个渐进的过程，并没有一个绝对的标准，用起来最顺手的永远是最好的。

工具

水彩的运用

　　水彩的运用是很偶然的事件,虽然在教学中时常会涉及水彩,但我的创作中主要还是以油画为主,其间有朋友建议可以创作一些古生物复原图之类的作品,想想水彩是最便捷的表现手法,由此就咨询了水彩专业的同仁,未想就此送了一本未开封的水彩纸,如此一来只好把缺的材料给配齐。一开始在自己油画创作之余,用水彩画自己野外采集的化石标本,后来复原图没弄成便开始画起自己养的鱼,而且发现对于生活在水中的鱼来说,其晶莹透亮、灵动美丽又润泽的身姿,恰恰是水彩最善于达到的效果,以水为媒的艺术手法表现以水为灵的生命真的是绝配。

　　鱼生活在水中,人们了解它更多的是远离水体或自上而下在水之外观察,而没想过,水里的鱼是把它们最美的一面呈现给同在水中伙伴,在水面无论如何欣赏它们的游姿都不如在水中所窥探到的一切,只有在水中与它们平行对视时,才能体会到这水中精灵的魅力所在,这也是我一直以来只用水彩记录鱼儿们水下状态的缘故。而绝大多数鱼儿,身体上的信息是以侧身的形式展现出来的,色彩、斑纹、鱼鳍无一不是如此,只有当你沉浸其中时,你才会知道,与你平时看到的相比这才是鱼儿们真正展现出来的美,由此,我一直用着最大限度的精力去表达它们最真实的一面。

鱼在水中大部分时间是在游动的，用完全写生的方式去表现并不是最佳的途径，速写式的记录只能作为熟悉它们的一种方式，透明鱼缸前的长期观察既是一件极有乐趣的事情，又是能更直观地获取感性信息的一种手段，但大部分情况下，都会忘却后一件事情，而完全地沉浸在这些鱼儿的世界中了。另外，还有一项协助手段——摄影，它可以让你不会为因为鱼儿们的好动而困惑，能很准确地给你提供鱼儿们的生物信息，但是需要提醒的是，不能太过依赖影像，无论是写生还是创作，真正打动自己的永远是自身内心感受在实体媒介上的表达。

　　但凡写实的画法，在形的准确性上是很讲究的，而严格遵循生物特性的鱼谱性绘制更是如此，除必要的造型能力具备外，还得对鱼儿的形态特征要有充分的了解。同时由于水彩的自身特性，在绘制过程中是比较忌讳修改的，由此对形的要求更加严格，尽量在着色前解决所有的造型问题，这样一来素描形态的完成就要花费很大一番精力，几乎所有能观察到的生物特征都需要尽量地全部表达到位，如鳞片的数量与排列，鱼鳍的数量以及它们身体的生长模式，都得用较淡的铅笔痕迹准确地标识出来。虽然看上去鱼的身体很简单，但一旦你深入地研究后，就会发现其实并不是你想象的那个样子，对鱼的充分了解不是多看两眼就能解决的事情，绘制之前严格的分析和理解以及长期的积累，能让你在完成形的阶段更加自如轻松。当然造型技术上的准备也是不能忽视的问题，在这个阶段中，考虑更多的是控制而非创造。当所有能完成的形到位后，清理一下画面，在保留素描线稿的前提下，尽量保持纸面的整洁，有时还可适当让线稿变得更淡些，这样等画面完成之时，线稿对画面最后效果的影响就几乎可以忽略不计了。当形的问题解决后，后续的水彩绘制中就不会为此等问题困扰。

　　如果你曾经仔细地观察过鱼儿的话，你会发现鱼儿们身上无论是纹样还是色彩的呈现模式都有着其独特的生物特性。它们如同是浸泡在水中的小色块，然后在某种形或者格式的指引下进行着排列和互相叠加，而且似乎每一层都是透明的，它们互相影响着，在近距离观察时，可以清晰地看到它们色层之间微妙的距离，这是其他生物身上所不能看到的。一条小鱼就如同是无数大小不一、色彩各异的彩色透明小色块，在一定规律的指引下做着各式的游戏。你要做的是感受这种游戏的规律，运用自己的方式创造出另一种游戏，然后通过自己的方式进行演绎，而每次的演绎都是在一定规则下的再创造。水彩是进行这种再创造的绝佳材料，虽然达不到真正液体浸泡中色彩那种通透性，但运用一些技巧，结合创作中灵敏感受，是可以做到接近的状态。任何一种写实的手法都不可能创造真正的物象，它只不过是在造一个接近物象的幻象而已，只不过有些艺术家倾向于如何去欺骗观者的感官，有的艺术家更愿意通过隐藏在其中的个人意识与观者交流。

当形完成后，这个时候就需要研究如何去完成这种色彩游戏。其实当你对这种规律了如指掌后，如何进行都不是问题，当然从稳妥的角度来讲，还是可以找到简便易行的方法。从鱼的眼部开始画是一个很好的建议，无论是先画深色还是浅色，当鱼的眼睛成型后，那通透美丽的眼睛会成为你的一个焦点，能够在你犹豫的时候不断给你进行下去的信心。由于自己习惯的问题，一般情况下，无论颜色深浅，我几乎都是用纯色去绘制，只在为了调配出颜料盒中没有的色彩时，才会用两种不同的颜料去混合，毕竟水彩色彩的深浅浓淡是靠水的多寡来控制。我并不建议使用那些被人们称赞的局部画法，那只是为了对某种技艺的炫耀而产生的一种现象而已，有条不紊而又漫不经心地绘制，不仅能让你沉浸其中，而且还能让绘制过程本身成为一种享受，而不是为了达到某种目的刻意去完成的任务。由于个人习惯的问题，在绘制类似图谱性的水彩时，一般都是运用干画法进行，也就是当头一遍色彩干透后，才会绘制第二层颜色，因为中间时间差的缘故，前后的绘制会很自然地衔接在一起。

眼睛的初步感觉出来后，就可以开始鱼儿头部色彩的绘制，依次从头到尾。如果对鱼儿身上的色彩特点了然于心的话，会发现它身上的每一块色泽都是如此的纯净，这也为我用纯色绘鱼给足了理由。水彩绘画里，从浅色入手是每个初学者最易接受的方式，即使是我，如今画鱼也是如此。依照鱼形的特点，逐一寻找它身上的浅色，主要对水的控制，只要色相没问题，就不用太担心会出差错，从由浅及深的方法来看，随后出现的深色会牢牢地把浅色控制在自己的范围之内。在这期间，如果出现亮点、高光或纯白色的地方，就需要把这个区域预留出来，如果觉得自己不太善于控制的话，可以借助水彩画材中的留白液，从传统上来讲，水彩绘制是不会用到覆盖型的颜料，何况是表现全身处于透明色状态下的鱼。从头至尾大概两层深浅不一的色彩，就可以把整个鱼的身体感觉给表现出来。在这里要注意的是鱼的背部、体侧以及腹部三个部分色彩上大的区分，特别是水中游泳型的鱼类这三部分的区别会更大，而一些局部的色彩变化就需要依据形和结构的特点了。

鱼的头部除了眼睛，其他部分都是由各类骨片包裹而成，色彩的附着一定要参照骨片之间的结合线去绘制，虽然前期的素描已经把这些结构线标示出来，但还是不能掉以轻心。鱼的身体，除了最底层的大的浅色块外，较难把握的是鱼身上的鳞片和斑纹，当进行第二层颜色的绘制时，鳞片的结构就可以显示出来了，如果前期鳞片的线稿全部到位的话，这个阶段相对来讲就容易得多，因为鱼鳞片的色彩总是围绕着它们的经纬线生成的，而经纬线由于结构和光线的缘故总会呈现出较深的状态。在原本较浅的水彩上层依据它们的色彩关系，用较深点的色彩灵活有变化地把鳞片的经纬线勾勒一遍，背部可以稍微深点，越过鱼身体的侧线后勾勒经纬线的颜色可以稍微地调淡些，在这里还要注意背部到腹部的色彩变化，经纬线同样也是如此。在这个过程中还要注意侧线的绘制，整个过程完成后，与头部相接，整条鱼基本就已经呈现在我们面前了，下一步要做的就是鱼鳍的绘制和鱼身体上斑纹与色块的完善。

鱼鳍是鱼儿身上非常重要的部分，在绘制过程中既要注意其整体关系又要根据其生物特征完成局部的细节，其上的色彩显现和斑纹的分布无不是依据这些特征而来的。如果只表现鱼鳍大致感觉，难度并不大，但要它真正地栩栩如生落在实处，得要充分了解鱼鳍的构成规律，鳍条的构成和构造方式，依据此规律才能顺利地完成鱼鳍的绘制。第一遍底色完成后，后面的工作就是围绕着鱼的鳍条进行，这个阶段得要耐下心来一根一根地去完善它，一般来讲尾鳍鳍条数量最多，二十根左右，其次是臀鳍，然后是背鳍、腹鳍和胸鳍，从复杂程度上来讲背鳍和臀鳍的变化最丰富，虽然尾鳍画起来很费时间，但背鳍和臀鳍画起来则可能是最花费精力的。鳍条的关系弄清楚后，其上的色彩和板块就是一件很简单的事情，可以想象下我国古老帆船上的船帆，当中间支撑的桅杆确定后，帆布上的图画就有着船工们的智慧了，只不过鱼的鳍条之间所附着的是一层透明的帆布而已。在鱼的整个身体大体感觉完成之时，鱼鳍的绘制在一两次着色的基础上整个感觉也应该已经出来了，就如同初步成形还未上漆的古老木船以及船帆都已经装备完成并且展开，等待的就是远航之前的修饰和美化了。鱼鳍具体绘制时，个人还是建议鳍条和鳍条之间的隔膜分开进行，当把所有鳍条绘制一遍以后，最先绘制的部分已经干透，刚好可以进行这个鳍条中间隔膜的绘制。鱼鳍上面的色彩和斑纹，可以和身体和头部的这个部分一起进行，从生物学的角度来讲，它们构成的原理都是相同的，无论是附着在骨片、鳞片、鳍条还是隔膜上，其实都是在透明或半透明的骨质或角质承载物表面涂抹上去的透明色块。当你观察领悟到它的本质时，就不会被其纷繁复杂的表面效果所吓倒。

鱼的身体非常有趣，无论观察到的是何种存在，它都是被一层骨片或角质鳞片所覆盖，然后在其上还固定地涂抹了层透明的表皮黏液，一些貌似无鳞甲的鱼，只是因为鳞片过于细小，而为绝大多数人所忽视。我们能观察到的所有五彩斑斓，变化多样的色彩与斑纹，都只不过是鳞片与甲片表面至表皮黏液之间的细小空间中的色彩游戏罢了。

在具体绘制时其实只要注意以下三个事项，事情就好办得多了。

一是斑块的模式，鱼身上的斑块是有规律的，它们的构成方式与它们的生活习性息息相关，这个不是我们这里所要讨论的主题，但是其构成的形式上的规律性是可以用肉眼看得出来，需要的仅仅是对它进行一个归纳而已。它们同时与身体的其他部分是相互呼应的，如鳞片的排列，中大型鳞片的鱼身上表现得比较明显，斑纹一定是跟着鳞片的排列进行的，而细小鳞片的鱼类，几乎就可以忽略不计，在这个阶段，如果绘制对象是某种细鳞鱼，在遵循基本构成规则的情况下可以尽情地发挥自己的艺术表现力了。另外，在表现与提炼斑块模式时，一定要从整体上去把握，从头到尾乃至所有的鱼鳍，这就如同空中战斗机的涂装一般，所有的形式组成了同一个整体。

二是色彩的关系，这里有两层意思，一是深浅与冷暖关系，这是色彩本身的问题，在这里遵循着水彩的最佳方式，由浅及深，冷暖随意。第二层意思就是，我们看到和表现的色块，在空间上的前后次序，哪块色在前哪块色在后，自己要有准确的判断，在鱼的身上这种关系是客观存在的，就如同上一层颜色倒一层透明液体隔开，然后再着第二层色彩，它们如此互相地叠加，而在我们绘制时得需要发挥自己的想象力了。一般来讲最好是由后往前画，处于最表层的色彩最后完成。绘制过程就如同重复鱼儿自身色彩斑纹的生长一般。

前面两个事项如果注意了，从普通人的眼中，这尾鱼其实已经绘制完成，从某种程度上来讲如果把第三个注意事项运用在绘制过程中，所达到的效果是你意想不到的。所以第三个注意事项就是，从鱼的生物学角度上来讲，除了最下层的鳞片底色外，附着其上的各种色彩和斑块的表现都是由其中的色素沉积，然后以点状结构组合而成。如果近距离地观察会发现，即使是鱼身体较浅的部分，点状小色块同样密布其中，而用肉眼直接能观察到的深色斑纹，无一不是由更深的小色点组合而成。各色的斑纹和色块其实都是由各色的小色点集合而成。当大的色块全部到位后，所要做的就是根据自己的感受点出你认为重要的小色点。曾经有一位非常著名的超写实画家讲过，如果想让自己的作品无限地接近对象，充分地了解所描绘对象，理解和体验其物象生成的缘由是一项不可或缺的工作。

在完成身体色彩和斑纹时，头部和鱼鳍是应该共同进行，色彩和斑纹的变化都是从鱼的头部开始最后通过鳍条延伸至鱼鳍的部分，当上述工作全部做完之后，只需从整体上进行一些调整，一幅正形侧身的水彩鱼就完成了。

在用水彩绘制较为严谨的侧身鱼绘时，会遇到一些需要注意的问题。在形方面，可能容易碰到的难题就是鱼的鳞片，一些没有经验的绘画者，可能会一片一片地去绘制，这样会让自己陷入无法控制的局面，最好的办法是找到鳞片分布的规律，也就是它们的经纬线，这个并不是难题。在绘制这些经纬线时，除了要数出它们分别的数量外，还要注意鱼身体在空间上的变化，很大一部分鱼的鳞片并不是大小均匀地覆盖在身体表面，注意到这些就不会把鱼儿身上最显著的特征表现错误。另一个问题就是水彩的干湿控制，我一般情况下都是使用干画法，一遍着色干透后，再进行第二次的着色，因为是局部进行，当整个完成一次后，最先画的已经可以上第二遍色了。当然也有一些喜欢趁湿画的朋友，依据个人经验，上色的时机要控制好，在水量被纸吸收了一部分，表面半干的时候进行，另外你的水彩笔中保有的水量一定要少于前一次绘制时笔中保有的水量，这个水量其实是指水彩色料与水的比份。所以在水彩绘制时无论是哪种画法，对水的控制是每个初学者需要掌握和熟悉的技巧，那种恰到好处的拿捏是需要一定量的实践操作才能体会得到的，一旦控制好后，水量的控制就是一件自然而然的事情。

再一个问题就是对色彩的理解和感受，色彩不是模仿出来的，绘制技巧的精进并不一定能提高色彩的感受和表现，一方面它是每个人天生自带的属性，另一方面则是后天训练的结果。对于色彩的表现与取舍需要长时期的积累，艺术理论的获取，优秀作品的参悟以及个人对色彩领悟是必不可少的过程。

在现代科学技术发达的今天，完全的描摹对象其存在的意义在哪？在自己开始决定用写实的手法绘制鱼画时，这样的提问一直缠绕在我的心头。因此在绘制过程中更多地注入个人意识和感受，是让自己作品保持活力唯一的手段。

绘鱼步骤图

粗纹暗色鳑鲏步骤图

这是一幅典型的需要描绘到位的水彩鱼绘,粗纹暗色鳑鲏,非常漂亮的一种小体形的鳑鲏类,但其身上的纹饰与色泽极具特色,每一步都不能掉以轻心,以水彩的方式如何表现一尾准确灵动的水下小精灵,在它身上体现得非常透彻,从铅笔打形到一遍一遍水彩透明色的附着,无不清晰地展现了出来。因其形态特征,粗纹暗色的每一类体形特征都需要表现到位,所以铅笔素描稿的阶段异常关键,它的准确性决定着最后呈现的效果。

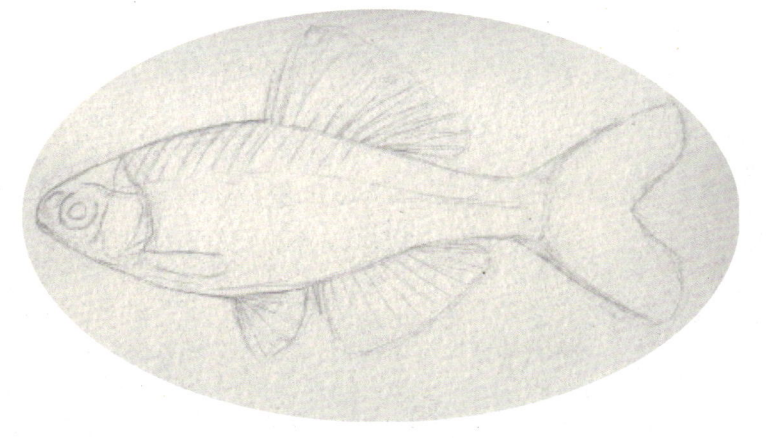

Step 1

通过简单的线条表现出粗纹暗色正侧身的形象特征,头、躯干、尾部、鱼鳍,在这个阶段注意比例位置的准确性,找出背鳍、胸鳍、腹鳍、臀鳍的位置,形态特征,以及组成鱼鳍的鳍条数量和组成方式,这个阶段需要洞悉鱼鳞的分布格局,最少能够确定经纬线中的经线或者纬线的倾斜角度,从头到尾的排列次序和数量,为最终准备的定位和表面鳞片打好基础。

Step 2

在前一步的基础上完善各个部分的形体,头部鳃盖的组成模式,眼部、嘴巴、鼻孔的形体完善。鱼鳍部分主要为鳍条的表达,一般淡水鱼的鳍条除了第一根和第二根外会从主干生长出来后分叉两次,一根主鳍条在通过两次分叉后,在鱼鳍的靠外边缘变成了四根有着支撑作用的末梢支茎,第一根或第二根并不会分叉,它们以棘刺的方式支撑着鱼鳍起手的边缘,因为在水中这个部分承担着行进中最主要的阻力以及支撑起整个鱼鳍的收放。鱼鳞部分,在另一根经纬线完善的前提下,基本可以完成身体上每块鳞片的位置与大小。鳑鲏身上不完整的侧线也可以依据鳞片布局与形态确定下来。

Step 3

调整和完善形体特征，注意不要有任何遗漏。用橡皮对铅笔形体进行整理，擦拭掉多余的线条，轻轻拍打，让着墨较重的位置变浅，有利于后面步骤透明水彩色的附着与表现。

Step 4

第一遍水彩着色，这阶段通过水彩色确定最基本的色调，从最明显的部位入手，眼睛，腹部冷色区域，胸鳍上方身体部分，鱼鳞的暗格形态，侧身中部依据不完整侧线的冷色线状色泽，这些部分，特征明显，在后期透明色还会逐一叠加，前期第一遍色调的确定，会很稳定地存留到最后完成阶段。

Step 5

在第一遍着色的基础上附着第二遍色,还是围绕主要性征加深它们的特征,鱼眼的进一步塑造,鱼鳞粗纹部分的基本格局显现,背鳍、尾鳍鳍条底部深色部分的确定,这个阶段主要还是基本性征的加强与确定。

Step 6

依托主要特性的确定,延伸周围部分最基本色彩的表现,依据它们各自的色彩倾向,淡淡地附着一层相互区分明显的水彩透明色,在具体实施过程中是从一个局部到另一个局部进行,小范围地着色,等第一遍干透后绘制第二遍,如此需要三至四次地往返才能把身体所有部分着色完毕。目前阶段除了主要特征透明色有两次叠加外,其他部位的透明水彩只施加了一层。这时整个鱼只的基本形态已经完成,如果只是一个普通的识别与欣赏,到这个阶段效果就已经可以满足最基本的需求。

Step 7

这是深入塑造的第一步,主要特征的第三遍色开始实施,让这些部分的色彩体现得更为丰富,背鳍的深色斑块在第二遍色的叠加下更加显著。

Step 8

鱼鳞的表现是这个阶段主要目标,一片一片地去完成,同时鱼只身上组成斑块的小斑点最先在主要性征区域出现。鱼鳍部分鳍条空白部分的第一遍色全部施加完成。

Step 9

从头至尾,在底色的衬托下,主要的注意力放在小斑点的表现上。头部其鳃盖的组成模式通过结构线与小斑点的相互呼应表达出来。

Step 10

这个阶段,就得从局部入手,完善每个区域的色彩,该保留的保留,该叠加的叠加,通过小斑点的丰富局部效果,从头至尾逐步实施,让每个小区域都能成为准确协调美丽的抽象画面。

Step 11

　　这是一个调整过程,让所有的努力最后能和谐地成为一幅美丽的水彩鱼绘。整体的把握是这个阶段的任务,当收尾的工作完成后,整幅画面就算完成了。从理解的角度来讲,这是现阶段能够达到的最终效果,但它并不是最后阶段,对于一位不断前行的绘者来讲,所有的作品都没有最后阶段,它会随着绘者的不断深入,延伸着它的最佳效果。

翘嘴鲌步骤图

在淡水鱼中，有一类相对来讲形象特征较为简洁，既没有绚丽的色泽变化，又没有附着于身体之上的各式斑纹，它们身体的变化显得更为隐秘和低调，翘嘴鲌就是其中的代表，侧扁长条形的身躯，深色的背脊和整体银色的鳞片覆盖于侧身，在描绘类似种类时，有着其不同之处。

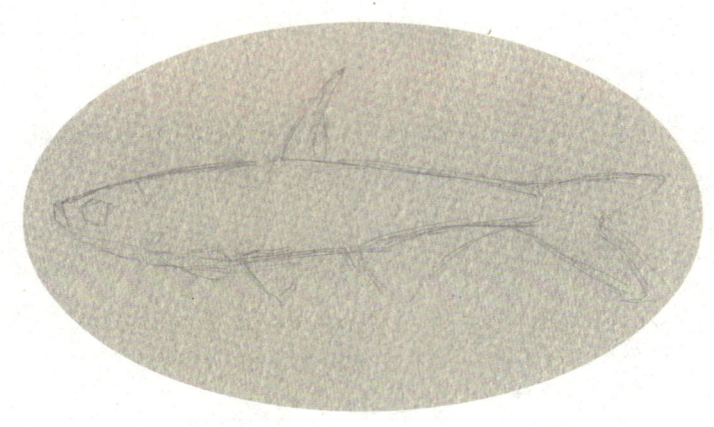

Step 1

用最为简洁的铅笔线条标示出它的形体特征,头、躯干、尾的各自比例,鱼鳍的位置以及大致的外形。

Step 2

完成头部的形体塑造,嘴巴、眼睛以及鳃盖的组成格式,确定侧身侧线,背脊深色与侧身浅色分界线,更为准确地表现鱼鳍的外形。

Step 3

　　鱼鳍鳍条的绘制，不同鱼鳍上鳍条的排列次序，数量以及鳍条的分叉方式，更为完善地塑造头部造型、嘴、眼睛、鼻孔以及鳃盖的组成模式。翘嘴鲌为细鳞鱼类，鱼鳞的绘制在这个阶段主要为寻找它们的排列方式，经纬线的交互特征以及各自的排列次序和密度，由于翘嘴的单个鳞片较为细小，经纬线的排列数量控制在相对应的比例中即可，无需精确到具体鳞片的数量。

Step 4

　　这是调整阶段，为下一步的着色做准备，在准确表达的基础上保持画面的洁净度，轻轻地擦拭掉不需要的各种痕迹。

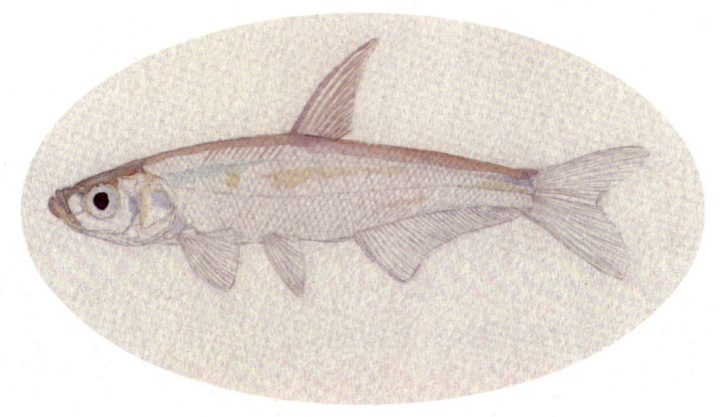

Step 5

　　确定背脊深色的色调、眼珠的深色、背鳍的鳍条色泽，通过第一层透明色，拉出整条鱼的框架，后面水彩色的铺设将围绕着它们进行，鳃盖与身躯上的几块浅色水彩色块，能很好地区分出上部背脊与整个侧身的大的色调关系。

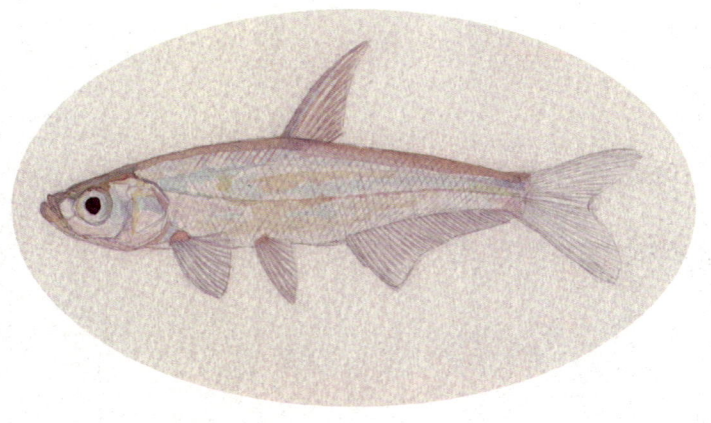

Step 6

　　依据前期打下的基础，完成未着色部分的第一遍色的铺设，以透明浅纯色局部进行，只需考虑色彩之间的差异，不进行衔接性处理。色块之间的空白区域除一部分保留外，在其他色块干透后，依据色调差异结构特征进行补充，完成头部的基本造型，鱼鳍的色块铺设，侧线的基本标示，通过经纬线控制好色调和深浅完成鱼鳞的初步塑造，靠近背脊与臀鳍的鱼鳞更清晰些，背部偏冷色，臀鳍上端偏暖色，在这个过程中背脊的色层会再增加一到两层，使得背脊更加丰富。鱼只上方背部与侧身还是保持一个大的冷暖对比。

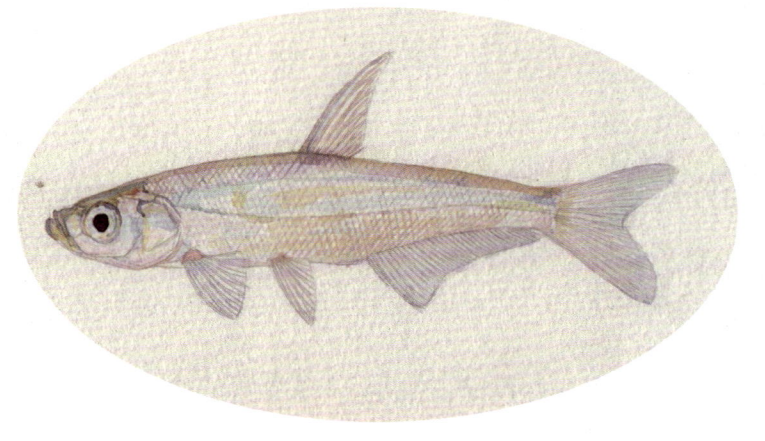

Step 7

这是一个深入的阶段，重在添加细节，从局部入手依据自己的理解通过水彩透明色完善每个部分的表现，这是一个做加法的过程，从细处入手，各个部分的造型特征需要表达到位，具体操作为等一层干透后，以小色块进行叠加与塑造，整个鱼只显得越来越厚重和明晰。少量的冷色小点表现翘嘴鲌身上少量的小斑点。鱼鳍部分，主要在于用相应的冷色构建鱼鳍的鳍条形态。

Step 8

最后的调整过程，鳃盖上的小斑点能很好的表现出鳃盖的质感，每个鳞片间的交接点可以灵活地通过小色点进行丰富与协调，其他部分依据自身的理解进行调整，直至完成阶段。

紫薄鳅步骤图

在鱼类当中有一些类别,由于其生物特性,绘制手法会略有不同,紫薄鳅就是其中的代表,身体色泽对比强烈,斑块分布异常明显,鱼鳞由于极为细小,在色泽和斑块的作用下完全地被覆盖,特别的纹饰从头至尾覆盖全身,由此从铅笔勾形到水彩着色有着自身的特点。

Step 1

　　铅笔勾形阶段先绘制出鱼身的基本形态和比例，头部的眼、嘴、须、鼻孔、鳃盖、身体的侧线，鱼鳍的形态与位置。由于浓重复杂纹样的覆盖，鳃盖部分只需要交代最外围的结构即可，鱼鳍的鳍条还是需要表达到位。

Step 2

　　在基本形的基础上，找出纹样的分布规律，用铅笔淡淡地勾勒出来，在这个过程中需要考虑纹样下面的生物构造，纹样的走向是依照着生物的结构变化。鱼鳍上的纹样也需一一标示出来，它们是附着在由鳍条支撑起来的薄膜之上，与鳍条形态相互呼应。

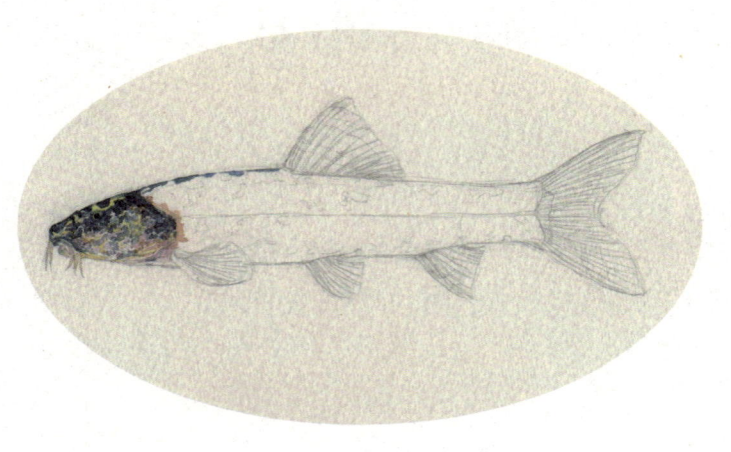

Step 3

　　紫薄鳅，顾名思义，其身以紫色为主要基调，在着色之前，需要仔细地观察和辨识，找出其中的规律，这样才能在看似杂乱的纹样和色泽变化中稳住阵脚一一地把它们表达出来。我们可以看出色泽的分布规律，紫色为中间调，最深的部分是泛青，而身体上最浅的部分是以黄色为基调，以浅的柠檬黄和中黄为主，相应的有小块的淡淡的冷色与它相呼应。基于此决定以局部画法进行塑造。从头到尾一次完成。先从头部开始，先深后浅，以小色块局部绘制，浅色部分先保留，需要顾及头部眼、嘴、须、鼻孔的形体结构，以纹样的分布规律为主要参照，第一遍色干透后施加第二遍色，第一遍色为深冷色，第二遍色则泛紫，当第二遍色完成时，头部除了预留的白色外基本整个被施色了一遍。当小心翼翼地把浅浅的柠檬黄有选择地施加在空白处时，紫薄鳅的整个头部效果就已显现出来，最后要做的就是用稍重点的冷色，把深色区域加深一番，需要塑造的部分交代清晰后，头部的绘制就算完成。

Step 4

　　紫薄鳅的躯干部分绘制,也是同样进行,从前往后,由深入浅,注意色块之间的区分,每一遍着色时一定要充分预留第二遍施色的区域,在这个过程中需要耐心与细致,不要急于一时,色块与色块之间的形态更像是雨水泛滥后的热带雨林湿地,那些预留出来的空白区域不正像天光反射下错综复杂的狭窄水道,只是这些水道会被染成浅黄色。

Step 5

　　鱼鳍部分的表现,除了纹样规律与色彩区分外,一定要注意鳍条在其中所起的决定性作用,色彩与斑纹都是围绕着鳍条展开,鱼鳍的透明区域则以浅冷色淡淡施加上去,以衬托由深冷色,紫红色以及浅黄色组成的鱼鳍纹样格式。这时紫薄鳅的整鱼效果已经呈现出来。

Step 6

　　第一阶段的调整过程，由于紫薄鳅身体色泽纹样的呈现特征，对于其整体的调整显得极为重要，要让看似凌乱的构成方式形成一个整体的概念。这个阶段多看多想少动笔，以最少的笔墨，把各个部分串联起来，注意色彩之间的呼应。身体纹样中较深色块的区域，以小的色点进行有机的叠加，在增加其斑块效果的同时也能一定程度地体现身躯细鳞的组成格式。

Step 7

　　最后调整阶段，以较深的冷色做最后的处理，主要为身体上的一些关键的形体结构部分。达到预期效果后即可收笔。

短体副鳅步骤图

一直以来，自己只表现单一侧身鱼绘，只是觉得能够把鱼身上最光彩的部分表达出来，就足以体现大自然自身的魅力，环境和姿态的表达在某种程度上还会干扰和减弱这种体验，最直观和纯粹的表达能让自身的光彩真正最美地绽放，其展示给同类最美的那一面就包含了足够的内涵与信息。但是，站在为了更好地了解和熟知鱼儿们的生活习性，附带环境的表达也是有必要的，这时鱼儿自身的美就得屈就于整体画面效果的表达，这里以三峡山区溪流中的短体副鳅为例，做了一定的尝试。短体副鳅为卵石溪流底层杂食鱼类，细鳞特征，口须发达，身披条状纹饰，在清澈的卵石基底溪流中能很好地与环境融为一体，取其在卵石丛中静卧观察的姿态，尽可能展现其身体特征的同时又能准确地表现其野外的生境，因此在具体表达时就得把鱼和环境作为一个整体来把握，两者都得兼顾。

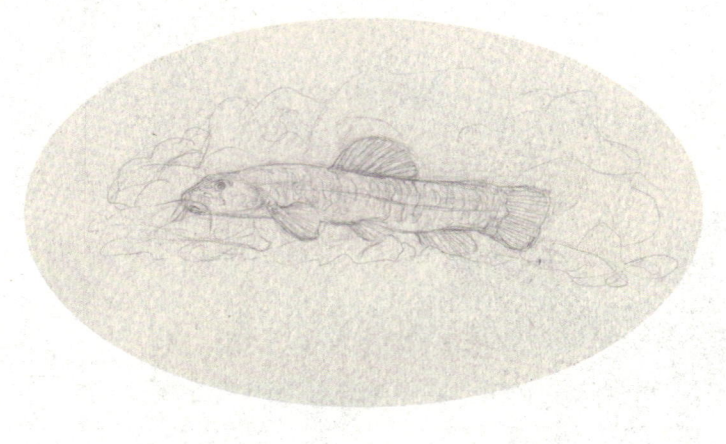

Step 1

  这是起形的阶段,不同于只表现鱼只的本身,相对来讲显得较为轻松,一开始还是从鱼形开始,确定它的位置和大体形态,由于是细鳞鱼,描绘时就基本不用考虑鳞片的绘制,这样省下了更多的精力去表达它的其他性征,头部的眼、嘴、须、鳃盖、鱼鳍,因鱼只是自然地静卧于卵石丛中,其透视关系还是需要注意。卵石的分布是围绕着鱼只展开,可以参考野外带回的素材以及自己专门为此布置的饲养有短体副鳅的卵石溪流缸,鱼的形是固定的,但卵石堆的分布与营造就可以依据自己考量灵活处理,所以这个阶段显得较为轻松,只是最后在确定副鳅造型的时候,需要一定的准确性,胡须的特点与数量,鱼鳍鳍条的构成方式与数量,身躯从头至尾的纹样格式,都是需要表达到位的。

Step 2

  鱼是整个画面的中心,着色理应先从它入手,以较浅的透明水彩色整个地完成一遍。抛开身体纹路,副鳅身体的色泽还是很有特色,这个阶段通过相互对比的浅色体现出它身体色泽之间的区别,这时眼睛的形态是需要用深色体现出来的,鱼鳍的形态特征也可做适当的表达。当一个浅淡的鱼形呈现出来时,可以考虑其身躯周围的卵石了。

Step 3

卵石其实是用浅色的水彩让它们出现在鱼只的周围,注意卵石之间的色差,不用太多考虑深色部分的表达,卵石之间本身的差异是这个阶段最需要关注的事宜,再用一遍较浅的冷色,卵石之间的前后层次拉开,简单的两层透明水彩色就可以确定下副鳅身处的卵石格局。这个过程中要注意副鳅身体边缘线的处理,鱼与卵石之间既有联系又有区分。与此同时用一层淡淡的透明冷色标示出副鳅身体上的斑纹布局。

Step 4

现在的注意力得放在卵石塑造上,形体之间的区分,前后之间的关系,鱼与卵石接触部分的处理,差不多两到三遍就可把整体的感觉营造出来,由浅入深。在这个过程中顺带让副鳅身体的塑造也跟上来。整体来讲鱼只与卵石融为了一体。

Step 5

需要开始完善副鳅身体的造型特征了,在原有的基础上通过加法让其丰富起来,重点在身体斑纹的体现,与此同时,进一步地主观调整卵石之间的关系。通常情况下,达到一定效果的作品会一直放在自己触手可及的地方,在一段时期的观察中,一些还可以进行的表达往往会自动地从脑海中蹦跶出来,画面就是在这种断断续续的进程中完成的。

长麦穗步骤图

绘制鱼儿们,需要能准确地表达出鱼儿们的习性,当一幅画呈现在人们面前时,懂鱼的行家能一眼分辨出,鱼儿正在干嘛!长麦穗是一种很有意思的小鱼儿,当它们在静水中觅食时,通常是会采取这样的姿态:头朝下,悬停着,深思熟虑后,轻轻地啄食一下它认为可食的物体,然后再尝试下一个就餐点。

基于此,为了能更清晰地体现鱼只的特性,鱼只身后空无一物,绚丽的色彩与形体全部安置于画幅下方,这部分为参考其野外生境主观创作而成,灵活,自由,富有很强的装饰感。所以在完成这幅鱼绘时,最重要的是构图,构图考量好了后,事情就只需交给时间、技术和艺术的控制上了。

Step 1

在画正稿之前,是会画几幅小草稿。确定好构图后,打形阶段,主要就是解决鱼只的形体和状态。画面左下方的背景部分,随意性很大,依据生境参考,卵石和水生植物的形体掺杂其中,呼应着上方的鱼只。

Step 2

正式上色阶段,倒是先从背景开始,用淡淡一层不同的水彩色做出一个大概的区分,提前确定鱼只的活动环境,可以为鱼只的表达提供一个实实在在的依托,使两者之间能成为一个整体。为此鱼只身上也根据其色彩特点,淡淡地铺设了一层水彩透明色。

Step 3

基底稳固后,就可以从鱼只入手了,轻车熟路,一步步地去完善,底下的卵石和水草也同样逐步进行,永远要让它们在你停笔观察时,处于同一阶段,鱼只能够达到哪个程度,整体画面就能达到哪个层面。有着深色条纹的长麦穗与以浅绿色为主基调的卵石水草丛很好地相互呼应,然后再在最底下的小卵石中,以一些深色做点缀,让整个水下基底稳稳地立在画面中。

拉氏鲅步骤图

　　拉氏鲅大多生活于高山溪流缓流区或静水环境中，或卵石密布，或水草丛生，活动于水体的中下层，典型的山区冷水鱼类，细鳞无明显斑纹，长相极为普通。这幅鱼绘，鱼以自己采集饲养的为参考对象，而其身后及水中的卵石与水生植物，则是依据野外观察到的情形，主观创造而成，为了达到互相衬托的目的，有意把生境画得更为亮丽。

Step 1

　　铅笔打形阶段,鱼的形体准确性很重要,除了鳞片没有交代外,其他的生物特性都交代得较为清晰,身后的生境就显得随意多了,大致能体现出水底卵石的横向分布以及水生植物竖向生长即可,具体的形体分割,完全依据自身的喜好,作为背景的植物只需有个感觉,并不需识别出具体种属。

Step 2

　　在这幅作品中,先把生境用较浅的各色透明水彩绘制了一遍,鱼只的形体作为空白保留了下来。在这里主要是注意局部色块的互相区分,相邻色块都是由不同程度的冷色构成。在背景水草绘制的第一步,需要把握好一个原则,就是植物总是往上生长的,在顶端会露出尖尖的叶形,如此就不会出现大的纰漏,后期完善也会相对便捷。卵石的话,找出它们的规律,平躺着相互交错,卵石与卵石之间从色泽上拉开距离。这个阶段需要做到胸有成竹,因为没有什么具体参照可言,遵循自己心中的想象,其实是最为轻松的部分。

Step 3

　　开始鱼只的第一遍着色，从头至尾，完整地绘制一遍，这时鱼的整体关系已经显现出来，与背景达成了第一阶段的统一。

Step 4

　　鱼的塑造是有章可循的，一步步地深入，每深入一步，背后的生境也跟着完善一遍。虽然鱼只的完善度不及单独绘制的鱼绘，但最基本的特征都可表达到位。拉氏鱥身体上的细鳞提前并未勾勒，是用局部点彩逐一绘制完成。当鱼只绘制完成后，再让背景生境跟上即可。一尾在长有水草的卵石溪流生境中游弋的拉氏鱥就算完成了。

三兄弟水中图

175

Step 1

　　三尾生活于水底层的凑在了一起，除了前方的大块卵石外，身后是一丛长势茂盛大叶片的水生植物。在勾形的过程中，三尾鱼只的形体和身后植被的组织是最需要花精力的地方，鱼只的形是要力求准确的，形态、比例、姿态、生物特性都需要顾全到。身后植物的塑造，关键在于叶片之间的关系，以及每片叶子在水中的形态变化，既要在铅笔稿的阶段表达到位，又需做到心中有数。

Step 2

　　关于画面每一步具体的绘制过程其实大同小异，只是面对不一样的对象，会相对应地有些变化，这幅鱼绘的特点在于，鱼只出现的数量较多，水中植物是有现实参考标本，是需要表达准确的。基于此点，在上色之前就需做一定的考量后再动手绘制。现实生境中，背景是冷深色，植被是绿色，水底的细沙为黄色，三尾鱼身体色泽都相对低调，由此在整体色调上做了一些主观处理，鱼只和前景的沙质水底整体偏暖，作为背景的部分以及大的卵石就处理成整体的冷色，而鱼只的是偏绿的暖色，与背景产生一定的呼应。绘制过程中，先从鱼只入手，力求把能表达到位的充分地表达出来，生境的绘制放在下一步。在鱼的身上黄色、绿色用得比较多，它们之间的不同层次和区别组成了鱼的形态。鱼眼还是需要用冷深色来点睛。

Step 3

依据大的一个色彩关系铺设生境色彩，水草的绿色系，深色背景以及卵石块的蓝色系，沙质水底的黄色系。水草用较为纯的各种浅绿绘制，背景则用纯度稍低的蓝绘制，让它着色的感觉尽量往后退，注意鱼只和环境的边缘线，特别是鱼只身下与卵石和水底接触的部分，需要用心经营，这关系到鱼只与生境关系的表达。等整个铺设结束时，画面的基本效果就已经出来了。

Step 4

这是一个深入完善的过程，能看出一个人对物象的理解程度，只有理解了才有可能表达到位。一幅好的作品永远都是由作者想象出来的，同时充满想象力的作品，即使以写实的方式出现，还是能给观者足够的想象空间。所以说，画得像并不一定画得好，让人能进入其中才是评判作品高低的重要标准。无论是何种艺术作品，它的最终目的都是在于交流，并不仅仅只是停留于感官刺激。

鳑鲏与缨口鳅

在野外环境下这两种鱼就是生活在一起的，山区溪流中的缨口鳅和鳑鲏，所以它们出现在同一个画面中并不会显得太突兀，倒是三尾鱼的神态很是有趣，它们都不约而同在观察着画面外的我们。

一开始是这尾鳑鲏吸引了我，每当靠近鱼缸时，它会停下游弋的状态，转过身来正对着我，用它的一双眼睛看着我，如同一个高等生物，而通常鱼儿们都只通过侧身以及一侧眼睛互相观察和交流。它在水中悬停着，似乎在思考着问题，只有当我挥动着手臂才会打断它的这种状态。趴在水底下的缨口鳅则对出现的任何物体敏感而警惕，对于随时随地在觅食的它来讲，任何异常都会使它停下来观察，包括突然出现在鱼缸旁边的我，当然它们只会用单侧的眼睛，还不时地微微调整一下眼睛的角度，在发觉没有什么威胁后，才会继续啃石块的生涯。把它们的这种状态记录下来，本身就是一件很有趣的事情。

在表现的过程中，为了凸显事件本身，生境上做了最大的取舍，只保留了供缨口鳅停歇的半个卵石块，背景则处理成没有任何物象的深邃空间。而且还有意地把整个构图形态处理成半圆的窗台状，仿佛它们在另一个空间透过窗台看着我们。

Step 1

在绘制过程中，打形就显得尤为关键，特别是以头部正对着画面的鳑鲏，这是一个非常规的角度，除了要控制好形体之外，还特别要注意透视在其中起到的作用。趴在石块右边的那尾缨口鳅，在塑造时也要格外注意，它只露出了小半个身躯，而且还是腹部面对着我们，侧身的那尾缨口鳅就简单多了，打形过程中它们之间的比例也是需要注意的，要符合它们本来的形体比例。

Step 2

上色是先鱼后背景。从最难的入手，依次完成三尾鱼的水彩呈现，这里不再一一叙述。

Step 3

鱼只完成后就是背景的处理，这里遵循的是以深冷色拉出前后关系与空间感，凸显出鱼只和最前方的半块卵石。水彩的冷色很有意思，在逐渐加深的过程中，叠加所产生的层次感会越来越丰富，最深色块的处理就在于个人的把握。在背景不断完善的过程中，鱼只身上也需要逐步完善，在不影响整体感的情况下通过局部的塑造去完成。

其他纸质材料的尝试

我很少说为了达到某种效果而去尝试某种材料，更多的是自己碰到了哪些材料，然后试试，看看是否能和自己的感觉同步，水彩纸的选择上是这样，其他目前还在用的纸张同样也是如此。听到某某说哪种纸张很好用，就会弄两张试试，但最后真正适合自己的，可能还是自己用的过程中最顺手的那种。

在创作过程中，作品与自己是一种对话与交流，材料未尝不是如此，与物接触其实也是一种相处的过程，互相逐渐熟悉各自的秉性，有的可能就难以弥合，有的则能在不断地交流中建立起相互呼应的关系，所以与材料之间也是一种相互选择的关系。例如自己目前用得最多的则是很少有人关注的一种普通的平纹水彩纸，能够打动自己的一些水彩效果基本都能通过这种普通的水彩纸得以实现。

当水稀释着色料在一些浅色的平面上会留下痕迹，经过一定的技巧配合，这些痕迹干透后，就有机地组合成为我们的作品。

专业的水彩纸上所产生的痕迹，更多的是被清水稀释了的色料，薄薄地平铺在浅色的表面，它们的多次、重叠覆盖创造着多姿多彩的水彩艺术效果，所以当水彩画被打湿后，用一定的工具是可以把附着在其上的色料给清洗掉的，只有极少量嵌入纤维缝隙里的色料能保留下来，湖北水彩的湿画法从某种程度上来讲，是利用了水彩纸的这一特性。这是因为被处理过的植物纤维形成的纸浆，在一定工艺下压实做成纸张后，在其表面又施加了一层物质，一般是明矾。这层物质使得色料与构成纸张结构的植物纤维之间形成一个隔绝层，使色料仅仅只是平铺在纤维的表面，画面就显得更为鲜亮并易于修改。我国古代对于绘画用的纸张也有类似的处理，工笔使用的熟宣，就是在普通宣纸上施加了一层保护性的明矾，其他普通的纸张与水彩纸的最大区别就在于此。

所以当你用被清水稀释过的色料接触普通纸张时，在水的作用下，色料会迅速地浸入纸张纤维中，在填满纤维缝隙的同时会整个浸染它们能接触到的纤维组织，所以碰到比较薄的纸张时，色料会直接渗到背面，纸张干透后，所施加的色在背面也会有所显示。

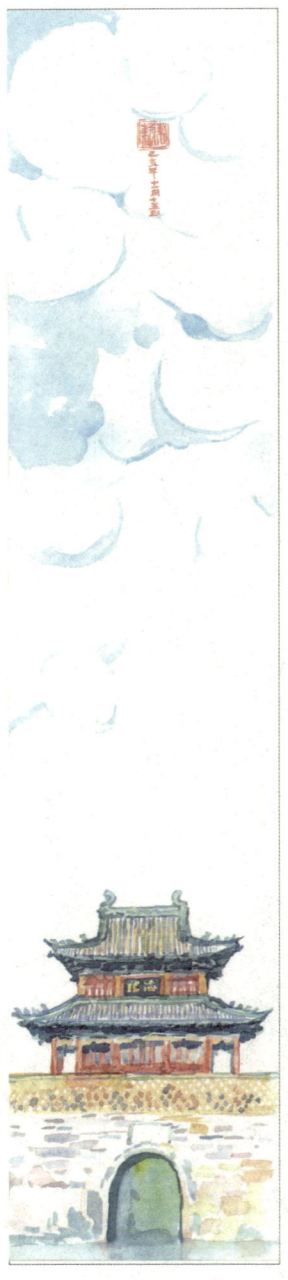 

从广义上来讲，在任何材质表面人工留下的痕迹，只要达到了人类一定的审美，都可称之为绘画。水彩这种材料同样也是如此，并不一定说水彩只有施加在水彩纸上才能算是一种艺术形式，只要是合适的附着表面，能呈现出水彩自身的特性，未尝不可以成为另一种呈现方式和尝试。在这个过程中，自己就挑选出了三种适用于水彩创作的纸质材料。它们之间的共同性就在于在绘制过程中，施加的色料会不同程度地渗透进纸张的纤维当中，而又由于它们之间小小一点差异，而又产生了各自不同的绘制体验和效果。

普通素描纸是最先尝试的，由于色料的渗透使得可以体验到与寻常水彩创作不一样的感受，由于素描纸自身的厚度，如果能恰当地控制好水分，利用色料在渗透中产生的效果来控制画面，并不是一件太难的事情。

在一开始的时候，还是建议用单色来进行尝试，自己最早是用普通的中国墨水，经过水的稀释，在素描纸上尝试着各种深浅和造型，后来才慢慢地换成了水彩颜料。

　　普通素描纸与普通水彩纸不同，由于渗透的缘故，施加在其上的水彩颜料，会呈现出一种更为"稳重"的效果，而与此同时，色料之间的叠加效果，在素描纸上就很难显现出来。所以在绘制中，同一区域并不能多次着色，而绘制过程中色料是很充分地渗透进了纸张当中，每画一笔没有后悔的余地，所以对整体的把握和预知性就要求很高。在没有铅笔稿的情况下，我更多地会从深色入手，通过它们建立起一个基本的框架，而且在这个过程中会留下一定的灵活空间，以备不时之需，绘制中自主性显得更为重要，所以保险起见，在初次运用这样的纸张绘制时，详尽的铅笔稿未尝不是良好开端的保证。

　　另外，在对水的控制上也要注意，需要节制性地用水，笔端多余的水分不仅会破坏色彩的呈现，还容易使素描纸的纤维由于水的充分浸泡而变形，在纸张干透后施色部分留下难以恢复的褶皱，正因为如此，此类尝试以小作品为主。

　　虽说有诸多不便，但其特殊的呈色效果以及打动我的痕迹样式，非常符合我的一些视觉体验和需求，使得其成了我经常使用的一种表现手段。

　　我们所用的纸张都是由不同的厂商制作出来的，所以即使是素描纸也会有各种不同，有的会显得硬朗点，有的纸张会让人感觉很绵软。绵软的纸张，本身会更接近枯黄植物的色泽，表面的颗粒感会更强，在色料与它们的接触中，能体会到色彩被整个"吃进去"的感觉。

当然有时为了追求水彩本身的鲜活与明亮，也会寻找一些较白皙的纸张进行尝试，曾经用过打印纸，色彩是很明亮，但是由于纸张厚度问题，会严重地起皱，使得这种材料顶多只能做一做色稿，很难深入地运用。

在这个过程中，一种进口的速写本进入我的视野，由于用的是被漂白过的质量上乘的素描纸，厚度、着色性，以及亮度都达到了我的要求，为此尝试一下，效果不错，就此一些较为灵活、小一点的画稿就是在这种材料上完成。如果只看最后效果，与在专业水彩纸上的效果相当，其高白的质地很好地展示出色层的彩度与亮度，而其一定的吸水性又使得色料牢固地吸附进了纸张当中；由于纸浆质量上乘，纸张的厚度与强度，在画幅不大水量控制恰当的情况下，表面只会轻微地起皱，并不会太影响画面的效果。在需要表现一些亮丽的小稿时，这种纸张是一种很好的选择，自己的多次外出写生，一些精致的小品都是在这种材料上完成的，其细腻白皙的表面能很好地衬托出亮丽欢快的画面。

由于自己习惯的问题，为了不影响其白皙的表面，一般都是省掉铅笔稿直接着色，如果必须打形的话，建议用较硬的铅笔，这样较浅的铅笔痕迹不会太多影响色彩的表现。

我国的绘画一直以来都是以水作为媒介,在数千年的过程中,样式与材料的演变也一直围绕着对水的操控而进行着。

在纸质材料的区分上,由于吸水性的多寡而划分出了生宣和熟宣,以及由此而慢慢成熟的绘制技法而划分出了工笔与写意。

在自己对各种纸质材料的尝试中传统绘画的宣纸也进入了我的视野,在初次尝试后,选择了半吸水性的生宣,作为自己材料与效果的一种试探,最后效果还是不错的。

一开始时,选用了些普通的宣纸,后来为了节省托裱程序,就主要用卡纸上已经托裱好了的成品宣纸。尝试过几次后,就基本能控制住在纸面的效果。从构成上来看,纸张都是由植物的纤维集结而成,只是由于制作工艺的不同分化出了各种不同的纸样,从本质上讲宣纸与水彩纸并无太大差异,只是宣纸由于纤维之间没那么紧密同时又未施加任何加固和隔绝的材料,使之相比较而言,显得较为绵软以及相对应具备较强的吸水性。而在宣纸制作中,纤维的紧密性与吸水性正好成反比,所以在宣纸上用水彩作画,低吸水性的宣纸是明智的选择。

珠江拟腹吸鳅

与在其他材料上比起来，宣纸上的绘制，除了笔端水分的控制外，准确性和速度是至关重要的因素，因为其既不适用于反复绘制又不能随意涂改，笔端施展上去的每一块色料，就是最后的效果。

自己一直都习惯于用大小白云上色，传统绘画中的写意性在绘制过程中会充分地体现出来，纸张纤维强烈的吸附性，在含有水分的笔端接触纸面时，会非常直观地显现出来，色彩形态位置的准确性，需要你在很快的时间内做出反应，色料在水簇拥下于纤维中的蔓延，必须在自己牢牢地控制之内，因此对于每一笔的预知是最后效果达成的前提条件。

由于写实性的要求，一些需要确定的形体，准确而浅淡的铅笔稿是必不可少的，其他一些附带的元素，在大的结构把握下，可以充分发挥能动性，在这里可以充分发挥自己的创造力，通过这种方法在宣纸上也是能完成相对写实的作品。

自己也尝试过，先用适当的墨线勾勒鱼的形态，其后再在墨线骨骼之上施着淡彩，最后呈现出了水印木刻版画的效果，看上去也是挺有意思的。

从上往下分别为，小鳈，高体鳑鲏，斑条丹羽江鳅，粗纹暗色鳑鲏。

上为云南盘䱵，下为戴氏南鳅

自己在绘鱼过程中,对那种要求完成度较高的作品,还是会在水彩纸上完成,其他材料的尝试,是正式水彩创作的一种补充,毕竟每种材料都有它的特性,因势利导,灵活运用,同样也能够做出有趣的作品和画面。在这个过程中,作品本身并不是目的,对于艺术的体验才是追求中最宝贵的东西。

绘鱼以外的涂鸦

因为鱼的缘故开始尝试着用水彩这种材料，从水彩画这种单独的画种来看，自己并没有单纯地从技术上做过更深的探索和研究，只是基于自己对鱼绘本身效果的一种需求，做了一些针对性的应用。

水彩本身效果和技法上只是做到够用即可，但在艺术感受层面还是保持自己的标准，由此对于水彩这种材料的一些个人认知，在绘鱼之外，越来越多地成为自己表达方式的一种选择。其轻快简洁易于控制的特点，非常适合及时记录与表达。这个过程中并不能从严格意义来说是在完成一张水彩画，更确切地讲是在用这种水性材料做着一定的尝试与表达，更像是在涂鸦。

我很少写生，特别是对景写生，美丽的景致只会激发自己对美的感叹，全然无兴趣用其他任何材料再去复述这种美。只是有时，一些特别的景致与物象让自己有了些触动，内心会出现相应的画面或是影子，这时才会想着是不是可以尝试着把这个画面或影子给捕捉回来，捕捉的目的也只是希望能准确地把这种触动表达出来。

因此涂鸦的过程更像是一种寻找，当材料的特性与个人感受相互呼应时，自己需要的物象就会越来越清晰，其间出现偶然效果或心绪的波动，会让过程显得有更多的变数与可能性。所以有时即使会对现场的物象有所参考，进行过程中也会逐渐与其脱离，最后基本就是自顾各的去表达了。

涂鸦 1

一次，在一个新旧参杂的村落中闲逛，上下之间，前方不停变化的空间与结构在自己眼前切换着，这时两棵紧挨着一起的挺拔松树，突然间打破了这种惯性的平衡，破败低矮的砖砌瓦迹间，两棵树孤独而又紧密地依偎在一起，一高一低，看着它们，周围其他的物象瞬间隐退消失。

回来后，依据印象以及当时拍摄得不太清晰的一张图片，做了这样一幅涂鸦。除了树形的感觉外，整个都是在较为主观状态下进行，有感触了就去弄一弄，即使是在敲击这行字的间隙中，自己又在上面画上了两笔。相比较完成度，我更看重的是画面的呼吸以及与自我的对话。

涂鸦 2

这是一个古老的村落，虽然老宅子已经不多，但年久的气息还是能从村口的老祠堂中感受得出来。两个紧挨着的祠堂，一座已经是只剩下地面的石条，仅存框架的是门柱，残破孤立在空旷中石面壁，上面预示吉祥的鹿纹异常清晰地呈现在石壁的一边。而旁边的一座，第一次去时，整体的砖石木瓦都还耸立在那，虽然大门紧闭，难以入内探究内部构造，但是宽大的外壁还是让人体验到三进数百平米家族祠堂的气势，随后隔个数年就必定去感受下这个闭门谢客祠堂的久远气息。

2018年10月再去时，终于看到这组建筑的内部组建，外壁围墙倒塌大半，内部的木件全部损毁，残件堆放在祠堂门前的空地上，主体的砖石构造，仅剩大门两侧的一点点残余，这次是真正的门户大开了。门户右侧耸立的残部，从内到外的构件清晰可辨，瓦片、瓦当、砖雕、石雕危危地吸附在残躯之上，下方则是堆积在一起的瓦砾。我快速地记录了点信息，在后面的行程中，慢慢地把这个印象逐步付诸最先的色稿之上。

时隔数月后，2019年5月又访故地，残部坍塌得只剩一侧断壁，又一次地记录，这次色彩则格外的绚丽。就这样，这座雍正时期建造的祠堂残片留在了我的纸片之中。

涂鸦 3

一棵五百多年的香樟就这么地叶片落尽,头年还是郁郁葱葱,只过一载仅剩了无生机的枯躯。随后的腐败会让它在某一天轰然倒下,断裂的残躯会滚落入下方的河流之中,在河水的浸泡中,自然之力继续雕琢着曾经古老生命的碎片。在沿河之间,经常能看到这些处于不同阶段的过程,有的在水中,有的在岸边,有的在人们住所中,它们无一不透露着难以掩饰的自然造化,朽木不可雕也,却可造化。

看着它们,笔端运行间,想得更多却是世间无常与这造化之力。

涂鸦 4

有时真的就是涂鸦，东一笔西一笔的，虽然有心仪的感受，但完全不知确切的物象，只是在这样的行进中慢慢清晰，慢慢觉得应该需要的是玲珑石，顽固而多孔，枯木缠绕其中。浅薄而冷淡的奇巧顽石，谁又知道咧！

种属介绍

物种名	拉丁名	种属	体长（毫米）	生物习性	分布地	标本采集地
叉尾斗鱼	*Macropodus opercularis*	鲈形目 斗鱼科 斗鱼属	60~80	小型食肉性淡水鱼类，捕食小型鱼类，水生甲壳类生物，喜水草丰茂静水水域。	长江以南各水系	湖北·武汉
华鳅	*Sarcocheilichthys sinensis*	鲤形目 鲤科 鮈亚科 鳅属	70~100	小型杂食性鱼类，喜生活于卵石质溪流中。	长江至珠江间各水系	湖北·武汉
小鳅	*Sarcocheilichthys parvus*	鲤形目 鮈亚科 鳅属	50~60	小型杂食性鱼类，喜生活于卵石质溪流中。	长江至珠江间各水系	江西·婺源
翘嘴鲌	*Culter alburnus*	鲤形目 鲤科 鲌亚科 鲌属	60~1000	中型食肉性鱼类，广布性淡水鱼类。	中大型河流淡水水体	湖北·武汉
长麦穗鱼	*Pseudorasbora elongata*	鲤形目 鲤科 鮈亚科 麦穗鱼属	70~100	小型杂食性鱼类，喜生活于卵石质溪流中。	长江至珠江间各水系	江西·婺源
拉氏鱥	*Rhynchocypris lagowskii*	鲤形目 鲤科 雅罗鱼亚科 大吻鱥属	30~100	小型杂食性鱼类，生活于山区河流上游。	黑龙江，黄河，长江和珠江各水系	湖北·宜昌

物种名	拉丁名	种属	体长（毫米）	生物习性	分布地	标本采集地
云南盘鮈	*Discogobio yunnanensis*	鲤形目 鲤科 野鲮亚科 盘鮈属	70~100	小型杂食性鱼类，喜生活于卵石质溪流中。	长江中上游至珠江间各水系	重庆·巫溪
光唇鱼	*Acrossocheilus fasciatus*	鲤形目 鲤科 鲃亚科 光唇鱼属	70~150	小型杂食性鱼类，喜生活于卵石质溪流中。	浙江，江苏，安徽，福建各水系	江西·婺源
宽鳍鱲	*Culter alburnus*	鲤形目 鲤科 鱼丹亚科 鱲属	60~150	小型食肉性鱼类，广布性淡水鱼类。	山区河流表层	江西·婺源
肯氏鱊	*Achellognathus cyanostlgma*	鲤形目 鲤科 鱊亚科 鱊属	40~65	小型杂食性鱼类，山区河流中生活。	安徽江西各水系	江西·婺源
广西鱊	*Acheilognathus meridianus*	鲤形目 鲤科 鱊亚科 鱊属	40~65	小型植食性为主的杂食性鱼类	瓯江，闽江，珠江，元江及海南岛	广西·阳朔
越南鱊	*Acheilognathus tonkinensis*	鲤形目 鲤科 鱊亚科 鱊属	40~70	小型植食性为主的杂食性鱼类	瓯江，闽江，珠江，元江及海南岛	广西·阳朔

物种名	拉丁名	种属	体长（毫米）	生物习性	分布地	标本采集地
高体鳑鲏	*Rhodeus ocellatus*	鲤形目 鲤科 鱊亚科 鳑鲏属	40~60	小型杂食性鱼类	广布性淡水鱼类	湖北·宜昌
石台鳑鲏	*Rhodeus shitaiensis*	鲤形目 鲤科 鱊亚科 鳑鲏属	40~65	小型杂食性鱼类，山区河流中生活。	安徽江西各水系	江西·婺源
方氏鳑鲏	*Rhodeus fangi*	鲤形目 鲤科 鱊亚科 鳑鲏属	40~65	小型杂食性鱼类，山区河流中生活。	黑龙江，黄河，长江和珠江各水系。	浙江·松阳
粗纹暗色鳑鲏	*Rhodeus suigensis*	鲤形目 鲤科 鱊亚科 鳑鲏属	30~40	小型杂食性鱼类，山区河流中生活。	黑龙江，黄河，长江和珠江各水系。	湖北·武汉
白边鳑鲏	*Rhodeus albomarginatus*	鲤形目 鲤科 鱊亚科 鳑鲏属	30~40	小型杂食性鱼类，山区河流中生活。	长江水系	湖北·武汉
雀斑吻虾虎鱼	*Rhinogobius lentiginis*	鲈形目 虾虎鱼科 吻虾虎鱼属	20~30	小型食肉性淡水鱼类，捕食小型鱼类，水生甲壳类动物，溪流卵石中生存。	浙江安徽水系	安徽·黟县

物种名	拉丁名	种属	体长（毫米）	生物习性	分布地	标本采集地
乌岩岭吻虾虎鱼	*Rhinogobius wuyanlingensis*	鲈形目 虾虎鱼科 吻虾虎鱼属	30~45	小型食肉性淡水鱼类，捕食小型鱼类，水生甲壳类动物，溪流卵石中生存。	长江，瓯江，九龙江，珠江等水系。	江西·婺源
丝鳍吻虾虎	*Rhinogobius filamentosus*	鲈形目 虾虎鱼科 吻虾虎鱼属	40~65	小型食肉性淡水鱼类，捕食小型鱼类，水生甲壳类动物，溪流卵石中生存。	西江及北江水系	广西·阳朔
武义吻虾虎鱼	*Rhinogobius wuyiensis*	鲈形目 虾虎鱼科 吻虾虎鱼属	40~65	小型食肉性淡水鱼类，捕食小型鱼类，水生甲壳类动物，溪流卵石中生存。	浙江水系	浙江·建德
粘皮鲻虾虎	*Mugilogobius myxodermus*	鲈形目 虾虎鱼科 鲻虾虎鱼属	30~45	小型食肉性淡水鱼类，捕食小型鱼类及水生甲壳类动物。	长江，瓯江，九龙江，珠江等水系。	湖北·武汉
棒花鱼	*Abbottina rivularis*	鲤形目 鲤科 棒花鱼属	50~60	小型底栖滤食性鱼类，喜生活于泥沙质河流湖泊中。	长江，灵江，钱塘江，珠江等水系。	湖北·武汉
建德小鳔鮈	*Microphysogobio tafangensis*	鲤形目 鲤科 小鳔鮈属	50~150	小型底栖滤食性鱼类，喜生活于山区水质优良的溪流中。	浙江安徽江西等水系。	江西·婺源
乐山小鳔鮈	*Microphysogobio kiatingensis*	鲤形目 鲤科 小鳔鮈属	50~60	小型底栖滤食性鱼类，喜生活于泥沙质河流中。	长江中上游，灵江，钱塘江，珠江等水系。	湖北·英山

物种名	拉丁名	种属	体长（毫米）	生物习性	分布地	标本采集地
短体副鳅	*Paracobitis potanini*	鲤形目 鳅科 副鳅属	60~90	偏肉食的小型杂食性鱼类，喜卵石质溪流环境。	长江中上游及其附属水系	湖北·宜昌
美丽沙鳅	*Botia pulchra*	鲤形目 鳅科 沙鳅亚科 沙鳅属	60~150	偏肉食的小型杂食性鱼类，喜卵石质溪流环境。	西江及北江水系	广西·阳朔
横纹南鳅	*Schistura fasciolatus*	鲤形目 鳅科 南鳅属	60~100	偏肉食的小型杂食性鱼类，喜卵石质溪流环境。	西江及北江水系	广西·阳朔
戴氏南鳅	*Schistura dabryi*	鲤形目 鳅科 南鳅属	60~120	温和的小型杂食性鱼类，喜卵石质溪流环境。	长江中上游及其附属水体	重庆·巫溪
大斑花鳅	*Cobitis macrostigma*	鲤形目 花鳅科 花鳅属	60~150	温和的小型杂食性鱼类，喜卵石质溪流环境。	长江中上游及其附属水体	江西·婺源
紫薄鳅	*Leptobotia taeniaps*	鲤形目 鳅科 薄鳅属	60~150	偏肉食的小型杂食性鱼类，喜卵石质溪流环境。	长江水系	湖北·武汉
贵州爬岩鳅	*Beaufortia kweichowensis*	鲤形目 平鳍鳅科 爬岩鳅属	50~70	小型底栖植食性鱼类，喜生活于卵石溪流中。	西江水系	\

物种名	拉丁名	种属	体长（毫米）	生物习性	分布地	标本采集地
原缨口鳅	*Vanmanenia stenosoma*	鲤形目 平鳍鳅科 缨口鳅属	50~70	小型底栖植食性鱼类，喜生活于卵石溪流中。	长江中游的鄱阳湖水系和钱塘江，瓯江等浙江沿海各水系。	江西·婺源
珠江拟腹吸鳅	*Pseudogastromyzon fangi*	鲤形目 平鳍鳅科 拟腹吸鳅属	50~70	小型底栖植食性鱼类，喜生活于卵石溪流中。	珠江流域的北江，西江和长江支流湘江。	\
大刺鳅	*Mastacembelus armatus*	合鳃鱼目 刺鳅科 刺鳅属	150~250	小型食肉性淡水鱼类，捕食小型鱼类及水生甲壳类动物。	长江流域以南各水系	湖北·武汉

后 记
POSTSCRIPT

　　因为养鱼而寻鱼，继而开始了绘鱼，未曾想示人，却在朋友们的帮助和敦促下开始汇集成册，几年下来这本书就这么出现在大家的面前。友人良善，多是肯定鼓励之词，自己却是惴惴不安。养鱼为自己爱好之事，近十年下来，养鱼无数，积累了些经验，手中陨灭的生灵亦是不少，日夜相伴，时间越长反而越来越谨慎，一直就未敢往高精尖发展，遵循着能在寻常配置下养好寻常的类别即可，就此有了些心得，也多为爱鱼者之间的交流与分享。寻鱼则是自己与自然对话的一种手段，而非目的。与鱼儿们的博弈，征服与占有越来越淡，倒是在这种对话中，对自然与生命越来越敬畏。说着养鱼寻鱼，心里想的却非如此，只是生活中多了一种了解周遭的方式。自然而然地开始绘鱼，凭着内心的热爱，摸索着前行，记录的同时力求在鱼形之内寻找点什么，画鱼非鱼，却又离不开鱼。年少轻狂，好为人师，现在一想不免有些惭愧，关于绘鱼，除了一些相对应的技术外，需要精进的还是有不少，一次总结算是回望与反思。艺术多样，路在脚下，在意识与思想的指引下还会继续摸索下去，艺术形式的选择是个人努力在大时代背景下的一种显现，力求能在自己认知的范围内尽量做好，与各位同好共勉。